Tabellen
der Luftgewichte γ_t^b, der Druckäquivalente β_t^b und der Gravitation g

Tables
des poids de l'air γ_t^b, des équivalents barométriques β_t^b et de la gravité g

Tables
of the Weight of Air γ_t^b, of the Air-Pressure Equivalents β_t^b and of the Gravity g

Von

Dr. S. Riefler, München

Springer-Verlag Berlin Heidelberg GmbH

1912

| Nachdruck nur mit Quellenangabe gestattet. | La reproduction sans indication de la source est interdite. | Copyright 1912 by Dr. S. Riefler in München. |

Ursprünglich erschienen bei Verlag von Julius Springer, Berlin 1912
Softcover reprint of the hardcover 1st edition 1912

ISBN 978-3-662-34202-2   ISBN 978-3-662-34473-6 (eBook)
DOI 10.1007/978-3-662-34473-6

Index.

Einleitung.	Avant-propos.	Introduction.
A. Bestimmung der Grundwerte.	**A. Détermination des valeurs fondamentales.**	**A. Determination of the Fundamental Values.**
Seite	page	page
I. Das Normal-Gewicht γ_0^{760} eines Liter Luft 4	I. Le poids normal γ_0^{760} d'un litre d'air 4	I. The normal weight γ_0^{760} of a liter of air 4
II. Das Druckäquivalent β_t^b der Temperatur 5	II. L'équivalent barométrique β_t^b de la température 5	II. The pressure equivalent β_t^b of temperature 5
III. Die Gravitationskonstante g im Regnault'schen Laboratorium und die Bestimmung von g und γ_0^{760} aus der geographischen Breite φ und der Seehöhe H 6	III. La constante de gravité g dans le laboratoire de Regnault et la détermination de g et γ_0^{760} d'après la latitude géographique φ et l'altitude au-dessus du niveau de la mer H . . 6	III. The constant of gravity g at the Regnault laboratory and the determination of g and γ_0^{760} from the geographical latitude φ and altitude above the level of the sea H . . . 6
IV. Der normale Kohlensäuregehalt der Luft 15	IV. La quantité normale d'acide carbonique contenue dans l'air 15	IV. The normal proportion of carbonic acid in the air . . 15
V. Umrechnung des Pariser γ_0^{760} = 1293,21 mg auf das Münchener Normalgewicht γ_0^{760} . 15	V. Réduction du poids normal de Paris γ_0^{760} = 1293,21 mg au poids normal de Munich γ_0^{760} 15	V. Reduction of the Paris γ_0^{760} = 1293,21 mg to the Munich normal weight γ_0^{760} 15
B. Berechnung der Tabellen.	**B. Calcul des tables.**	**B. Calculation of the Tables.**
Seite	page	page
I. Formeln für die Berechnung der Tabellen III, IV und V . 17	I. Formules pour le calcul des tables III, IV et V 17	I. Formulas for the calculation of the tables III, IV and V . 17
II. Reduktion der Tabellenwerte γ_t^b für Orte mit anderer Gravitationskonstante 20	II. Réduction des valeurs γ_t^b des tables pour les lieux avec une autre constante de gravité 20	II. Reduction of the values γ_t^b of the tables for places with another constant of gravity . 20
III. Bemerkungen zu den Tabellenwerten 22	III. Remarques sur les valeurs des tables 22	III. Observations to the values of the tables 22
C. Tabellen.	**C. Tables.**	**C. Tables.**
Seite	page	page
Tabelle I: Reduktion der Gravitation g von der geogr. Breite φ (Station) auf φ (Ort N) . . . 26	Table I: Réduction de la gravité g de la latitude géogr. φ (station) à φ (lieu N) 26	Table I: Reduction of the gravity g of the geographical latitude φ (station) to φ (place N) . . 26
Tabelle II: Spannkraft e des gesättigten Wasserdampfes . . . 27	Table II: Tension e de la vapeur d'eau saturée 27	Table II: Pressure e of saturated steam 27

IV

	Seite		page		page
Tabelle III: Interpolations-Faktoren $\Delta\gamma_t^{b\pm 1}$ und $\Delta\beta_t^{b\pm 1}$ für die Berechnung von γ und β der trockenen Luft in Tabelle V	28	Table III: Facteurs d'interpolation $\Delta\gamma_t^{b\pm 1}$ et $\Delta\beta_t^{b\pm 1}$ pour le calcul de γ et β de l'air sec de la table V	28	Table III: Factors of interpolation $\Delta\gamma_t^{b\pm 1}$ and $\Delta\beta_t^{b\pm 1}$ for the calculation of γ and β of dry air in table V	28
Tabelle IV: Interpolations-Faktoren $\Delta\gamma_t^{b\pm 1}$ und $\Delta\beta_t^{b\pm 1}$ für die Berechnung von γ und β der Luft mit 50% relativer Feuchtigkeit in Tabelle V	29	Table IV: Facteurs d'interpolation $\Delta\gamma_t^{b\pm 1}$ et $\Delta\beta_t^{b\pm 1}$ pour le calcul de γ et β de l'air contenant 50% d'humidité relative dans la table V	29	Table IV: Factors of interpolation $\Delta\gamma_t^{b\pm 1}$ and $\Delta\beta_t^{b\pm 1}$ for the calculation of γ and β of air containing 50% of moisture in table V	29
Tabelle V: Die Gewichte γ_t^b der trockenen und der feuchten Luft und die Druckäquivalente β_t^b der Temperatur	31	Table V: Les poids γ_t^b de l'air sec et humide et les équivalents barométriques β_t^b de la température	31	Table V: The weights γ_t^b of dry and moist air and the pressure equivalent β_t^b of temperature	31
Tabelle VI: Korrektionen der Werte γ_t^b und β_t^b für Luft mit anderer relativer Feuchtigkeit als 50%	81	Table VI: Corrections des valeurs γ_t^b et β_t^b pour l'air avec une humidité relative différente de 50%	81	Table VI: Corrections of the values γ_t^b and β_t^b for air with another proportion of relative moisture than 50%	81
Tabelle VII: Die neuesten nach dem Potsdamer g-System reduzierten Werte für die Gravitation g von 331 Stationen der Erde	83	Table VII: Les valeurs les plus récentes de la gravité g (réduites d'après le système de g de Potsdam) de 331 stations de la terre	83	Table VII: The last values of the gravity g (reduced to the Potsdam system of g) of 331 stations of the earth	83

Anhang: Publikationen		**Appendice: Publications**		**Appendix: Publications**	
A. desselben Verfassers	96	A. du même auteur	96	A. of the same author	96
B. anderer Autoren	99	B. d'autres auteurs	99	B. of other authors	99

Einleitung.

Bei den physikalischen Experimenten, welche in meinem Laboratorium seit Jahren ausgeführt werden, insbesondere bei der Bestimmung des Einflusses von Luftdruck und Temperatur auf den Schwingungsbogen und die Schwingungsdauer der Pendel von astronomischen Präzisionsuhren, ist die Kenntnis der **Dichte** der atmosphärischen Luft, in welcher das Pendel schwingt, von wesentlicher Bedeutung[1]. Hat doch (bei unveränderter Gravitation g), wie ich in einer späteren Publikation zeigen werde, eine Änderung des Gewichtes eines Liter der das Pendel umgebenden Luft um nur ein Milligramm bereits eine Änderung der täglichen Schwingungszeit (Uhrgang) des Pendels um etwa 0,01 Sekunden zur Folge. (Bei Pendeln mit Flachlinse ist dieser Wert etwas kleiner und bei Pendeln mit zylindrischem Linsenkörper etwas größer.) Voraussetzung ist hierbei, daß das Pendel keine Einrichtungen besitzt, durch welche der Einfluß der Dichteänderungen der Luft kompensiert wird.

Für das Gewicht der trockenen und kohlensäurefreien atmosphä-

Avant-propos.

Dans les expériences de physique pratiquées depuis nombre d'années dans mon laboratoire, particulièrement pour déterminer l'influence de la pression atmosphérique et de la température sur l'arc et la durée de l'oscillation des pendules des horloges astronomiques, la connaissance de la **densité** de l'air atmosphérique, dans lequel oscille le pendule, a une importance essentielle[1]. Ainsi que je le démontrerai dans une publication ultérieure, une variation du poids d'un litre de l'air environnant le pendule, ne fût — ce que d'un milligramme (la gravité g restant la même) entraîne déjà une variation de la durée d'oscillation (marche) quotidienne du pendule d'environ 0,01 seconde. (Pour les pendules à lentille plate, ce chiffre est un peu plus petit, et pour les pendules à poids cylindrique un peu plus élevé.) Il va sans dire que le pendule supposé ici ne possède pas de dispositifs pour compenser l'influence des variations de la température et de la pression atmosphérique.

Pour le poids de l'air atmosphérique sec et exempt d'acide

Introduction.

In the physical experiments which I have since years carried on in my laboratory, especially when determining the influence of air-pressure and temperature on the arc of oscillation and the duration of oscillation of the pendulums of clocks for astronomical purposes, it is of especial importance to know the **density** of the atmosphere in which the pendulum swings[1]. As I shall show in a later publication, if the weight of a liter of the air surrounding the pendulum varies by only one milligram (gravity g remaining unchanged), the result will be an aberration of about 0,01 second a day. (In the case of pendulums with lentular bob, this value is somewhat reduced and in the case of cylindrical bobs somewhat increased.) It is premised that the pendulum supposed has no devices for compensating the influence of changes of temperature or air-pressure.

The physical literature contains tables giving the weight of

---

[1] Dr. S. Riefler, München: „Präzisionspendeluhren und Zeitdienstanlagen für Sternwarten". (Th. Ackermann, München 1907.)

rischen Luft sind in der physikalischen Literatur bereits Tabellen vorhanden, u. a. in der bekannten Tabellensammlung von *Landolt* und *Börnstein.*

Da die freie Luft jedoch stets einen mehr oder minder großen Gehalt an Wasserdampf besitzt, welcher ihr Gewicht vermindert, und da sie außerdem auch etwas Kohlensäure enthält, welche ihr Gewicht etwas erhöht, so sind die für trockene, reine Luft berechneten Tabellen nicht unmittelbar zu verwenden, sondern sie verlangen noch eine besondere Berechnung des Einflusses der Feuchtigkeit und der Kohlensäure.

Die *Kaiserliche Normal-Eichungs-Kommission* in Charlottenburg hat nun für ihren eigenen Gebrauch, nämlich zur Reduktion von Wägungen auf den luftleeren Raum, eine Tabelle für 50% feuchte Luft mit normalem Kohlensäuregehalt ausgerechnet, von welcher sie mir in freundlicher Weise eine Abschrift überließ. Auch verdanke ich ihr einen Teil der weiter unten unter A I: „Das Normalgewicht γ_0^{760} eines Liter Luft" angeführten Quellenangaben.

Leider konnte ich diese Tabelle sowohl wegen ihres beschränkten Umfanges — sie enthält nur die Drucke von 725 bis 785 mm, während der mittlere Barometerstand in München 716 mm beträgt — als auch deshalb nicht verwenden, weil das ihr zugrunde liegende Normalgewicht γ_0^{760} eines Liter Luft in München einen andern, der kleineren Gravitationskonstante Münchens entsprechenden Wert besitzt, als in Charlottenburg. Ich sah mich daher veranlaßt, die nachstehen-

carbonique, il existe déjà dans la littérature technique des tables, p. ex. dans la collection bien connue de *Landolt* et *Börnstein.*

Cependant, comme l'air libre contient toujours une quantité plus ou moins grande de vapeur d'eau qui diminue son poids, et qu'il contient en outre un peu d'acide carbonique qui augmente un peu celle-ci, les tables calculées pour l'air sec et pur ne sont pas directement utilisables, mais elles exigent encore un calcul spécial pour tenir compte de l'influence de l'humidité et de l'acide carbonique.

La *Kaiserliche Normal-Eichungs-Kommission* de Charlottenburg a bien établi pour son propre usage, c'est-à-dire pour la réduction des pesées au vide, une table pour l'air contenant 50% d'humidité et la quantité normale d'acide carbonique, et m'en a adressé aimablement une copie. C'est également à cette commission que je suis redevable d'une partie des sources citées ci-dessous sous la rubrique A I: «Le poids normal γ_0^{760} d'un litre d'air.»

Malheureusement, il m'a été impossible de me servir de cette table à cause de son étendue limitée — elle ne contient que les pressions de 725 à 785 mm, alors que la pression moyenne barométrique à Munich est de 716 mm — et parce que le poids normal γ_0^{760} d'un litre d'air, servant de base à cette table possède, à Munich une autre valeur qu'à Charlottenburg, à cause de la constante de gravité plus faible de Munich. C'est pourquoi j'ai été obligé d'établir les tables ci-dessous,

atmospheric air dry and free of carbonic acid, for instance, in the well known collection of *Landolt* and *Börnstein.*

But since free air always contains a smaller or greater proportion of steam, which decreases its weight, and since it also contains some carbonic acid gas, which somewhat increases its weight, these tables for dry and pure air cannot be used directly, but require a corrective determination of the influence of moisture and carbonic acid.

The *Kaiserliche Normal-Eichungs-Kommission* in Charlottenburg has calculated for its own use for reducing measurements of weight to the vacuum a table for air containing 50% of moisture and the normal amount of carbonic acid, which it has very kindly placed at my disposal. I must also thank this commission for a part of the sources of information mentioned below under AI: „The Normal Weight γ_0^{760} of a Liter of Air."

I could, however, not make use of this table on account of its limited compass — it contains only the pressures between 725 and 785 mm, whilst the average air-pressure in Munich is 716 mm — and also because the normal weight γ_0^{760} of a liter of air in Munich, corresponding to the smaller constant of gravity in Munich, is not the same as in Charlottenburg. I was therefore compelled to calculate the following tables for my purposes.

den, für meine Zwecke geeigneten Tabellen auszuarbeiten.

Bei der Bestimmung der für die Berechnung der Tabellen III, IV und V erforderlichen Grundwerte ergab sich die interessante Tatsache, daß ein Liter Luft **mit normalem Kohlensäuregehalt** in München fast genau das gleiche Gewicht hat, wie ein Liter **kohlensäurefreie** Luft in Paris.

Da meine Tabellen infolge dieser zufälligen Übereinstimmung sowohl in München (für kohlensäure**haltige** Luft) als auch in Paris (hier für kohlensäure**freie** Luft) unmittelbar verwendbar sind, entschloß ich mich, sie zu veröffentlichen, um sie weiteren Kreisen zugänglich zu machen.

Selbstverständlich sind die Tabellen auch für jeden andern Ort mit annähernd gleicher Gravitationskonstante wie in München ($g = 980{,}733$ cm sek^{-2}) bzw. Paris ($g = 980{,}947$ cm sek^{-2}) direkt verwendbar.

Für Orte mit anderer Gravitationskonstante sind die Tabellenwerte entsprechend zu reduzieren, wozu die Reduktionsformeln (29) (30) (31) (32) oder auch, für die Stationen der Tabelle VII, die daselbst angegebenen Reduktionsfaktoren F benutzt werden können.

dont j'avais besoin pour mes travaux.

En déterminant les valeurs fondamentales nécessaires pour le calcul des tables III, IV et V, je constatai le fait intéressant qu'à Munich un litre d'air **contenant la quantité normale d'acide carbonique** a presque exactement le même poids qu'à Paris un litre d'air **exempt d'acide carbonique.**

Comme, par suite de cette coïncidence accidentelle, mes tables sont utilisables aussi bien à Munich (pour l'air **contenant** de l'acide carbonique) qu'à Paris (pour l'air **exempt** d'acide carbonique), j'ai résolu de les publier pour les rendre plus généralement accessibles.

Il va sans dire que les tables sont aussi directement utilisables pour tout autre lieu avec une constante de gravité approximativement égale à celle de Munich ($g = 980{,}733$ cm sec^{-2}) ou de Paris ($g = 980{,}947$ cm sec^{-2}).

Pour les lieux avec une constante de gravité différente, les valeurs des tables doivent être réduites, et pour ce travail on peut utiliser les formules de réduction (29) (30) (31) (32), ainsi que, pour les stations de la table VII, les facteurs de réduction F indiqués dans la même table.

When determining the fundamental values necessary for the calculation of the tables III, IV and V, the interesting fact appeared, that a liter of air **containing the normal amount of carbonic acid** has in Munich almost exactly the same weight as a liter of air **free of carbonic acid** in Paris.

Since my tables, in consequence of this coincidence, can be used without further alteration both in Munich for air **containing** carbonic acid and in Paris for air **free** of carbonic acid, I determined to publish them in order to make them generally accessible.

Obviously the tables will also be directly applicable to every other place which has approximately the same constant of gravity as Munich ($g = 980{,}733$ cm sec^{-2}) or Paris ($g = 980{,}947$ cm sec^{-2}).

For places with other constants of gravity, the values of the tables must be correspondingly modified, for which purpose the reduction formulas (29) (30) (31) (32) or, for the stations of table VII, the reduction factors of the same table can be used.

A

Bestimmung der Grundwerte.

Détermination des valeurs fondamentales.

Determination of the Fundamental Values.

I. Das Normalgewicht γ_0^{760} eines Liter Luft.

Das Gewicht γ_0^{760} eines Liter kohlensäurefreier und trockener atmosphärischer Luft beträgt in Paris bei 0° und 760 Millimeter Quecksilberdruck nach *Regnault*[1]) **1,29319 Gramm**; *Leduc*[2]) findet für g = 981 cm γ_0^{760} = **1,29316**; *Lord Rayleigh*[3]) findet **1,29327**.

Die *Kaiserliche Normal-Eichungs-Kommission* in Charlottenburg hat für Paris (unter Annahme von g = 980,95 cm) als wahrscheinlichsten Wert γ_0^{760} = **1,29321 Gramm** angegeben[4]).

Auf meine Anfrage bei dem *Bureau international des poids et mesures* in Sèvres teilte mir Herr Dr. *Ch. Ed. Guillaume* mit, daß dort gleichfalls der Wert von γ_0^{760} = 1,29321 Gramm von einem

I. Le poids normal γ_0^{760} d'un litre d'air.

Le poids γ_0^{760} d'un litre d'air atmosphérique sec et exempt d'acide carbonique est à Paris à 0° et 760 mm de pression barométrique d'après *Regnault*[1]) de **1,29319 grammes**; *Leduc*[2]) trouve pour g = 981 cm γ_0^{760} = **1,29316**; *Lord Rayleigh*[3]) trouve **1,29327**.

La *Kaiserliche Normal-Eichungs-Kommission* de Charlottenburg a admis pour Paris supposant g = 980,95 cm comme la valeur la plus probable γ_0^{760} = **1,29321 grammes**[4]).

En réponse à une question que j'ai adressée au *Bureau international des poids et mesures* de Sèvres, *Ch. Ed. Guillaume* m'informa qu'aussi à Sèvres on regarde comme la plus exacte la va-

I. The Normal Weight γ_0^{760} of a Liter of Air.

The weight γ_0^{760} of a liter of atmospheric air, dry and free of carbonic acid, is in Paris at 0° and 760 mm barometric pressure according to *Regnault*[1]) **1,29319 grams**; *Leduc*[2]) finds for g = 981 cm γ_0^{760} = **1,29316**; *Lord Rayleigh*[3]) finds **1,29327**.

The *Kaiserliche Normal-Eichungs-Kommission* in Charlottenburg has accepted for Paris with g = 980,95 cm as the most probable value γ_0^{760} = **1,29321 grams**[4]).

In answer to my inquiry addressed to the *Bureau international des poids et mesures* in Sèvres, Dr. *Ch. Ed. Guillaume* informed me that also there the value of γ_0^{760} = 1,29321 g of a

---

[1]) Mém. Acad. Franc. **21**, p. 157 (1847). — [2]) Ann. Chim. Phys. (7) **15**, 26 (1898). — [3]) Proc. Roy. Soc. **53**, 147 (1893). — [4]) Metron. Beitrag I, 5. — Broch. Trav. Mém. Bur. Internat. Bd. I A, 52.

Liter trockener und kohlensäurefreier Luft im *Regnault*schen *Laboratorium* zu Paris (Collège de France, dessen geographische Breite $\varphi = 48°\,50'\,55''$ und dessen Höhe über Meeresniveau 50 Meter beträgt) als der genaueste angesehen wird. Das den Tabellen zugrunde gelegte Normalgewicht eines Liter trockener und kohlensäurefreier Luft beträgt daher:

leur de $\gamma_0^{760} = 1{,}29321$ g d'un litre d'air sec et exempt d'acide carbonique dans le *laboratoire de Regnault* à Paris (Collège de France, dont la latitude géographique $\varphi = 48°\,50'\,55''$ et dont l'altitude est de 50 m). Le poids normal d'un litre d'air sec et exempt d'acide carbonique servant de base aux tables est donc :

liter of air dry and free of carbonic acid in the *Regnault laboratory* in Paris (Collège de France with a latitude φ of $48°\,50'\,55''$ and an altitude above sea level of 50 m) was considered as the most accurate. The normal weight of a liter of air dry and free of carbonic acid on which the tables are founded is therefore:

$$\gamma_0^{760}\,(\text{Paris}) = 1293{,}21 \text{ Milligramm} \quad \ldots \ldots \ldots \ldots \quad (1)$$

II. Das Druckäquivalent β_t^b der Temperatur.

Die rechnerische Bearbeitung des in meinem Laboratorium gewonnenen Beobachtungsmaterials hat ergeben, daß es bequem ist, ohne besondere Rechnung ersehen zu können, um wie viele Millimeter $\mathit{\Delta}\,b$ der Druck b eines konstant gehaltenen Luftvolumens steigt, wenn die Temperatur t um 1 Grad zunimmt, oder vielmehr (was jedoch nur innerhalb kleiner Temperaturänderungen $\mathit{\Delta}\,t$ dasselbe besagt): durch welche Druckabnahme $\mathit{\Delta}\,b = \beta$ das Gewicht γ der Volumeneinheit dieselbe Änderung $\mathit{\Delta}\,\gamma$ erfährt wie durch eine Temperaturzunahme von $1°$. Ich möchte vorschlagen, diesen Wert, welcher lediglich auf dem *Mariotte-Gay-Lussac*schen Gesetze beruht, als das **Druckäquivalent der Temperatur** zu bezeichnen. In den Tabellen ist er durch den Buchstaben β ausgedrückt. Es ergeben sich daher allgemein, für Zu- und Abnahme der Temperatur, fol-

II. L'équivalent barométrique β_t^b de la température.

Les travaux faits sur les expériences exécutées dans mon laboratoire ont montré qu'il est commode de pouvoir se rendre compte sans calcul spécial de combien de millimètres $\mathit{\Delta}\,b$ augmente la pression b d'un volume constant d'air, quand la température t s'élève d'un degré; ou plutôt (mais seulement pour une petite variation $\mathit{\Delta}\,t$ de la température), par quelle diminution de pression $\mathit{\Delta}\,b = \beta$ le poids γ de l'unité de volume subit la même variation $\mathit{\Delta}\,\gamma$ que par une élévation de la température d'un degré. Je proposerais de désigner cette valeur qui repose uniquement sur la loi de *Mariotte-Gay-Lussac*, comme **l'équivalent barométrique de la température.** Dans les tables, elle est exprimée par la lettre β. On trouve donc, en général, pour l'augmentation et la diminution de la température, les relations suivantes, dans lesquelles je dé-

II. The Pressure Equivalent β_t^b of Temperature.

The calculation of the results of the observations made in my laboratory has shown that it is convenient to be able to see without special reckoning how many millimetres $\mathit{\Delta}\,b$ the pressure b of a constant volume of air increases, when the temperature t rises by 1 degree, or better (only with regard to a slight variation $\mathit{\Delta}\,t$ of temperature) what reduction of pressure $\mathit{\Delta}\,b = \beta$ produces the same change $\mathit{\Delta}\,\gamma$ in weight γ of the unit of volume as a rise of temperature of one degree. I would propose to designate this value, which is founded entirely upon the law of *Mariotte-Gay-Lussac*, as the **pressure equivalent of temperature.** In the tables it is designated by the letter β. In consequence of this, we arrive, for the increase and decrease of temperature, at the following relations, wherein I designate the β corresponding to the temperature $t + 1°$

gende Relationen, in welchen ich das der Temperatur $t + 1°$ entsprechende β mit β_1 und das der Temperatur $t - 1°$ mit β_2 bezeichnet habe. | signe le β correspondant à la température $t + 1°$ par β_1 et le β correspondant à $t - 1°$ par β_2. | by β_1, and the β corresponding to $t - 1°$ by β_2.

$$\gamma_t^b - \gamma_{t\pm 1}^b = \Delta\gamma_{t\pm 1}^b; \qquad \gamma_t^b - \gamma_t^{b\mp\beta} = \Delta\gamma_t^{b\mp\beta}$$

$$\gamma_{t+1}^b = \gamma_t^{b-\beta_1}; \qquad \gamma_{t-1}^b = \gamma_t^{b+\beta_2}; \qquad \Delta\gamma_{t+1}^b = \Delta\gamma_t^{b-\beta_1}; \qquad \Delta\gamma_{t-1}^b = \Delta\gamma_t^{b+\beta_2}$$

$$\beta = \frac{1}{2}(\beta_1 + \beta_2) = \frac{1}{2}\left(\frac{\Delta\gamma_{t+1}^b}{\Delta\gamma_t^{b-1}} + \frac{\Delta\gamma_{t-1}^b}{\Delta\gamma_t^{b+1}}\right) = \frac{1}{2}\frac{\Delta\gamma_{t+1}^b - \Delta\gamma_{t-1}^b}{\Delta\gamma_t^{b\pm 1}} \quad \ldots \ldots (2)$$

$$\beta = \frac{\frac{1}{2}(\gamma_{t-1}^b - \gamma_{t+1}^b)}{\frac{1}{380}(\gamma_t^{760} - \gamma_t^{380})} \quad \ldots \ldots \ldots (3)$$

III. Die Gravitationskonstante g im Regnaultschen Laboratorium und die Bestimmung von g und γ_0^{760} aus der geographischen Breite φ und der Seehöhe H.

Das Normalgewicht $\gamma_0^{760} = 1293,21$ mg gilt selbstverständlich nur für den Ort der Messung, nämlich für das im Collège de France gelegene *Regnault*sche Laboratorium, sowie für alle Orte, an welchen die Gravitations-Konstante dieselbe Größe hat, wie im Collège de France.

Die in der Literatur bisher angegebenen Gravitationswerte beruhen nicht auf einheitlicher Grundlage, da sie teils die Resultate absoluter Schwerkraftmessungen enthalten, teils aber aus relativen Schwerebestimmungen abgeleitet und auf eine

III. La constante de gravité g dans le laboratoire de Regnault et la détermination de g et γ_0^{760} d'après la latitude géographique φ et l'altitude H au-dessus du niveau de la mer.

Il va sans dire que le poids normal $\gamma_0^{760} = 1293,21$ mg n'est valable que pour le lieu où il a été mesuré c'est-à-dire, le laboratoire de *Regnault* au Collège de France, ainsi que pour tous les lieux dont constante de la gravité a la même valeur qu'au Collège de France.

Les valeurs de gravité publiées, jusqu'ici ne reposent pas sur des déterminations uniformes, les unes contenant les résultats de mesures absolues, les autres ayant été dérivées de déterminations relatives de la gravité et réduites à une certaine mesure absolue,

III. The Constant of Gravity g at the Regnault Laboratory and the Determination of g and γ_0^{760} from the Geographical Latitude φ and Altitude H above the Level of the Sea.

The normal weight $\gamma_0^{760} = 1293,21$ mg is, of course, only correct for the place of its determination, namely for the *Regnault* laboratory at the Collège de France, and for all places the constant of gravity of which has the same value as that of the Collège de France.

The values of gravity published until now are not founded upon the same base: part of them are the results of absolute measuring, part of them are derived from relative determinations of gravity and reduced to a certain absolute measurement, for in-

bestimmte absolute Messung, z. B. die *von Oppolzer*sche (**„Wiener System"**) bezogen sind. Die hieraus sich ergebenden Schwierigkeiten sind nunmehr erfreulicherweise behoben. Vor kurzem (im Dezember 1911) hat nämlich das Kgl. Preuß. Geodät. Institut in Potsdam ein von Herrn Professor *Borrass* ausgearbeitetes, umfangreiches Verzeichnis aller bis jetzt durch Messung bestimmten Gravitationskonstanten der Erde herausgegeben[1]), welche sämtlich auf das **„Potsdamer g-System"** bezogen und also ohne weiteres untereinander vergleichbar sind. (Wiener System — 0,016 cm sek^{-2} = Potsdamer System.)

Ein diesem Verzeichnis entnommener Auszug für diejenigen Stationen, an welchen sich wissenschaftliche Institute (Sternwarten, physikalische und chemische Laboratorien) befinden, ist in Tabelle VII dieses Buches enthalten.

In demselben ist φ die geographische Breite, λ die östliche Länge (gegen Greenwich), H die Höhe in Meter über dem Meeresniveau (Seehöhe), g (in Zentimeter) die an der betreffenden Station gemessene, auf das Potsdamer Schweresystem bezogene Gravitationskonstante, und die Differenz $g_o - g_o^n$ ist die als totale Anomalie der Schwere bezeichnete Abweichung der gemessenen und nach Formel (8) auf Meeresniveau reduzierten Gravitation g (= g_o) von dem Normalwert g_o^n, welcher sich unter Annahme gleichmäßiger Massenverteilung in der Erde, für die Breite φ

par exemple à celle de *von Oppolzer* (**„Système de Vienne"**). Les difficultés résultant de cette différence sont maintenant écartées. Le Kgl. Preuss. Geodätische Institut à Potsdam a publié (Décembre 1911) une table très étendue calculée par M. le prof. *Borrass*[1]), contenant toutes les constantes de gravité de la terre déterminées jusqu'ici par des mesures directes et réduites uniformément au **„système de g de Potsdam"** (Système de Vienne — 0,016 cm sec^{-2} = système de Potsdam.

Table VII est un extrait de cet ouvrage pour les stations qui possèdent des instituts scientifiques (observatoires, laboratoires de physique et de chimie etc.).

Dans cet extrait, φ désigne la latitude géographique, λ la longitude orientale (par rapport à Greenwich), H l'altitude au-dessus du niveau de la mer, g en centimètres la constante de gravité mesurée à la même station et réduite au système de gravité de Potsdam; la différence $g_o - g_o^n$ désigne l'anomalie totale de la gravité c'est-à-dire, la différence entre la gravité g mesurée et réduite d'après la formule (8) au niveau de la mer (g=g_o) et la valeur normale g_o^n qui résulterait de la formule (5), si l'on supposait une distribution uniforme des masses dans la terre. Θ est la densité des

stance that of *von Oppolzer* (**„Vienna System"**). The difficulties resulting from this difference are now removed. Not long ago (December 1911), the Kgl. Preussische Geodätische Institut in Potsdam published for the use of the commission of international geodesy a large table calculated by Professor *Borrass* which contains all the values of gravity of the earth determined by measurement until now[1]). These values are uniformly reduced to the **„Potsdam System of g"** and can therefore be compared to one another without further calculation. (Vienna System — 0,016 cm sec^{-2} = Potsdam System.)

Table VII is an abstract of this work for those stations which possess scientific institutions (observatories, physical and chemical laboratories etc.).

There, φ means geographical latitude, λ eastern longitude (Greenwich), H altitude above the level of the sea, g (in centimetres) the constant of gravity of the same station determined by measurement and reduced to the Potsdam system of gravity g, and the difference $g_o - g_o^n$ means the so called total anomaly of gravity i. e. the difference between the real gravity found by measuring and reduced according to formula (9) to the level of the sea (g=g_o) and the normal value which results from the formula (5) and presupposes a uniform distribution of masses within the earth.

---

[1]) Comptes rendus des séances de la seizième conférence générale de l'Association Géodésique Internationale; IIIe volume. Verhandlungen der sechzehnten Konferenz der Internationalen Erdmessung; III. Teil, 1911, Verlag von Georg Reimer in Berlin.

und für Meeresniveau aus der Formel (5) ergibt. Θ ist die Dichte der Erdmassen über dem Meeresniveau. Die in den letzten beiden Spalten der Tabelle VII enthaltenen Werte F sind die Faktorenzahlen, mit welchen die Werte γ_t^b und β_t^b der Tabelle V zu multiplizieren sind, um sie auf die Gravitation g der betreffenden Station zu reduzieren.

masses de terre au-dessus du niveau de la mer. Les valeurs F contenues dans la table VII désignent les facteurs par lesquels il faut multiplier les poids de l'air de la table V pour les réduire à la gravité g de la station dont il s'agit.

Θ is the density of the masses of earth above the level of the sea. The values F contained in table VII are reduction factors by which the weigths of air contained in table V must be multiplied in order to be reduced to the gravity g of the station in question.

Reduktion von g Paris Observatoire national auf g Collège de France.

Da für das Collège de France kein durch Messung bestimmter Wert der Gravitation g vorliegt, so wurde dieser aus dem g des Pariser Observatoire national abgeleitet, welches nur etwa 1,3 km südlich vom Collège de France liegt, weshalb die Massenverteilung für beide Orte als gleich angenommen werden durfte. Nach Tabelle VII ist

Réduction de g Paris Observatoire national à g Collège de France.

La constante de gravité g du Collège de France n'a pas été déterminée par mesure directe. Il fallait donc la dériver de la valeur g de l'Observatoire national, situé à peu près 1,3 kilomètre au sud du Collège de France, distance, qui permet de supposer une distribution des masses uniforme pour les deux lieux. D'après la table VII

Reduction of g Paris Observatoire national to g Collège de France.

Since the constant of gravity g of the Collège de France is not determined by direct measurement, it had to be derived from g of the Observatoire national situated 1,3 km southward from the Collège de France, a distance which permits the assumption of a uniform distribution of masses at both places. According to table VII

$$g \text{ (Paris Observatoire national)} = 980{,}943 \text{ cm sek}^{-2} \pm 0{,}001 \quad \ldots \ldots \quad (4)$$

Die totale Anomalie ist | L'anomalie totale est | The total anomaly is

$$g_o - g_o^n = 0{,}000.$$

Bei dieser Reduktion kamen folgende Formeln zur Anwendung[1]).

Cette réduction a été faite d'après les formules suivantes[1]).

For this reduction, the following formulas were used[1]).

1. Breitenreduktion.

Nach der neueren *Helmert*schen Formel (1909) ist die normale Schwere g_o^n am Meeresspiegel bei der mittleren Erddichte $\Theta_m = 5{,}52$

1. Réduction en latitude.

D'après la nouvelle formule de *Helmert* (1909) la gravité g_o^n au niveau de la mer est à la densité moyenne de la terre $\Theta_m = 5{,}52$

1. Reduction of latitude.

According to the new formula of *Helmert* (1909) the gravity g_o^n at the level of the sea is at the mean density of the earth $\Theta_m = 5{,}52$

$$g_o^n = 978{,}030 \cdot (1 + 0{,}005302 \cdot \sin^2 \varphi - 0{,}000007 \cdot \sin^2 2\varphi) \quad \ldots \ldots \quad (5)$$

---

[1]) „Verhandlungen der XVI. Konferenz der Internationalen Erdmessung, 1911" (Georg Reimer, Berlin).

Eine nach dieser Formel berechnete Tabelle ist von *Geheimrat Prof. Dr. Albrecht* veröffentlicht worden [1].	Une table calculée d'après cette formule a été publiée par M. le *Professeur Dr. Albrecht*[1]).	A table calculated according to this formula was published by *Professor Dr. Albrecht*[1]).
Aus Formel (5) ergibt sich durch Differenzieren für eine Breitenänderung von $\Delta\varphi = 1'$ eine Schwereänderung Δg_0^n	D'après la formule (5) on trouve par différentiation pour un changement en latitude $\Delta\varphi = 1'$ une variation de gravité Δg_0^n	With this formula (5) we find by differentiating for a change of latitude $\Delta\varphi = 1'$ a variation of gravity Δg_0^n

$$\frac{dg_0^n}{d\varphi} = \Delta g_0^n = \frac{978{,}030}{3437{,}75} \cdot (0{,}005302 \cdot 2 \cdot \sin\varphi \cdot \cos\varphi - 0{,}000007 \cdot 4 \cdot \sin 2\varphi \cdot \cos 2\varphi) \quad \ldots \quad (6)$$

Δg ist daher abhängig von der Breite φ, als welche der Mittelwert aus φ Paris Observatoire national $= 48°\,50'{,}2$ und φ Collège de France $= 48°\,50'{,}9$, nämlich $\varphi = 48°\,50'{,}5$ anzusetzen ist. Daraus ergibt sich für $\Delta\varphi = 1'$	Δg dépend donc de la latitude φ pour laquelle il faut adopter la valeur moyenne entre φ Paris Observatoire national $= 48°\,50'{,}2$ et φ Collège de France $= 48°\,50'{,}9$, c'est-à-dire, $\varphi = 48°\,50'{,}5$. Il en résulte pour $\Delta\varphi = 1'$	In consequence Δg depends upon the latitude φ which must be expressed by the mean value between φ Paris Observatoire national $= 48°\,50'{,}2$ and φ Collège de France $= 48°\,50'{,}9$ i. e. by $\varphi = 48°\,50'{,}5$. Herefrom results for $\Delta\varphi = 1'$

$$\frac{dg^{cm}}{d\varphi'} = \Delta g_{(\varphi\,1')} = 0{,}00150 \text{ cm sek}^{-2} \quad \ldots \ldots \ldots \ldots (7)$$

2. Höhenreduktion. | ### 2. Réduction en altitude. | ### 2. Reduction of altitude.

Im Kgl. Geodät. Institut in Potsdam wird seit 1903 die Höhenreduktion in allen Fällen für Erhebung in freier Luft nach folgender *Helmert*schen Formel berechnet:	Au Kgl. Geod. Institut à Potsdam, on calcule depuis 1903 la réduction d'altitude dans tous les cas pour une élévation dans l'espace libre et d'après la formule suivante de *Helmert*:	At the Kgl. Geod. Institut in Potsdam, the reduction of altitude is since 1903 always calculated for an elevation in the free space and according to the following formula of *Helmert*

$$\Delta g_{(H)} = -0{,}0003086 \cdot H \quad \ldots \ldots \ldots \ldots (8)$$

Soll die Gravitation g einer Station auf einen nahegelegenen d. h. nicht über 100 km entfernten Ort reduziert werden, so schlägt Herr Geheimrat *Helmert* allerdings vor, die geringere Dichte der über dem Meeresniveau gelegenen Massen dadurch in Rechnung zu ziehen, dass man statt des Höhenkoeffizienten 0,0003086 (8) den folgenden, aus der *Bouguer*schen Formel abgeleiteten Wert verwendet:	Cependant pour réduire la gravité g d'une station à un lieu éloigné de moins de 100 km, le Professeur *Helmert* recommande de tenir compte de la densité moins grande des masses au-dessus de la mer en se servant non du coéfficient d'altitude 0,0003086 (8), mais de la valeur suivante dérivée de la formule de *Bouguer*:	If, however, the gravity g of a station is to be reduced to a place not farther than 100 km, Professor *Helmert* recommends to consider the lesser density of the masses above the sea in using not the coefficient of altitude 0,0003086 (8), but the following value derived from the formula of *Bouguer*:

$$\Delta g_{(H)} = -0{,}00020 \cdot H \quad \ldots \ldots \ldots \ldots (9)$$

---

[1]) Albrecht „Formeln und Hilfstafeln für geographische Ortsbestimmungen; IV. Auflage, Leipzig 1908, W. Engelmann; S. 296 u. 297: Normale Schwerkraft im Meeresniveau".

Für 100—200 km kann 0,00025 angewendet werden.	Avec 100—200 km on peut employer 0,00025.	With 100—200 km 0,00025 can be used.
Noch genauer erhält man diesen Reduktionswert nach den von *Helmert* in der Schrift: „Die Schwerkraft und die Massenverteilung der Erde"[1]) angegebenen Formeln.	Cette valeur résulte plus exactement des formules contenues dans le traité de *Helmert*: „Die Schwerkraft und die Massenverteilung der Erde."[1])	This value results more exactly from the formulas contained in *Helmert's* treatise: „Die Schwerkraft und die Massenverteilung der Erde."[1])
(Für die Berechnung von g Collège de France ($\Theta = 2,3$) wurde derselbe zu 0,00022 angesetzt.)	(Pour le calcul de g Collège de France ($\Theta = 2,3$) on a adopté la valeur 0,00022.)	(For the calculation of g Collège de France ($\Theta = 2,3$) the value 0,00022 was used.)
Auf größere Entfernungen als 100 km wird die Höhenreduktion besser nach Formel (8) ausgeführt.	Pour des distances plus grandes que 100 km, il est préférable de faire la réduction d'altitude d'après la formule (8).	For distances exceeding to 100 km it is better to execute the reduction of altitude according to the formula (8).
Für das Collège de France, dessen Seehöhe H = 50 m ist, während die des Observatoire national 61 m beträgt, ergibt sich daher die Gravitationskonstante:	Pour le Collège de France dont l'altitude H = 50 m, tandis que celle de l'Observatoire national = 61 m, il en résulte la constante de gravité:	For the Collège de France, the altitude of which = 50 m, whilst that of the Observatoire national is 61 m, we find herefrom the constant of gravity:

$$\text{g Collège de France} = 980{,}947 \text{ cm sek}^{-2} \pm 0{,}001 \qquad (10)$$

Dies erläutert die folgende **Tabellarische Berechnung von g und γ_0^{760} des Collège de France:**	selon le suivant **Calcul tabulaire de g et de γ_0^{760} du Collège de France:**	according to the following **Tabular Calculation of g and γ_0^{760} of the Collège de France:**

1. Station 2. N	φ	$\Delta\varphi$	$\frac{\varphi\text{Stat.} + \varphi\text{N}}{2}$	$\Delta\varphi \cdot \Delta g(\varphi\,1')$ (Tab. I) $= \Delta g(\varphi)$ cm	H m	ΔH m	ΔH $\times$ 0,00022 $= \Delta g(H)$ cm	$\Delta g(\varphi) - \Delta g(H)$ $= \Delta g$ cm	g cm	$\gamma_0^{760} =$ g · 1,31833 mg
Paris Observ. nat.	48° 50′,2	+0′,7	48° 50′,55	$\Delta\varphi \cdot 0{,}00150$ +0,0011	61	−11	−0,0024	+0,0035	980,943	1293,21
„ Collège de France	48 50,9				50				**980,947**	**1293,21**

Da das Normalgewicht eines Liter trockener und kohlensäurefreier Luft im Collège de France $\gamma_0^{760} = 1293{,}21$ mg beträgt, so ist für $\Delta g = 1$ cm	Un litre d'air sec et exempt d'acide carbonique dans le Collège de France ayant le poids normal de $\gamma_0^{760} = 1293{,}21$ mg, on trouve pour $\Delta g = 1$ cm	Since at the Collège de France the normal weight of a liter of air dry and free of carbonic acid is $\gamma_0^{760} = 1293{,}21$ mg, we find for $\Delta g = 1$ cm

$$\Delta\gamma_{(\Delta g\,1\,\text{cm})} = \frac{1293{,}21}{980{,}947} = 1{,}31833 \text{ mg} \qquad (11)$$

Daraus ergibt sich für das Observatoire national, trotz dessen um 0,004 cm kleineren Wertes	Il en résulte que l'Observatoire national, malgré sa gravité g réduite de 0,004 cm, possède	In consequence, the Observatoire national, in spite of its g being lesser by 0,004 cm, has

---

[1]) Encyklopädie der mathem. Wissenschaften, Band VI. I. B. Heft 2. Seite 159; (Leipzig 1910).

von g, der gleiche Wert von γ_0^{760}, wie für das Collège de France, nämlich, wie bereits angegeben (1):

la même valeur de γ_0^{760} que le Collège de France, c'est-à-dire, comme on l'a mentionné plus haut (1):

the same value of γ_0^{760} as the Collège de France, namely, as mentioned above (1):

$$\gamma_0^{760} \text{ Paris} = 1293{,}21 \text{ Milligramm} \quad \ldots \ldots \ldots \quad (12)$$

Bestimmung von g und γ_0^{760} für andere Orte der Erde.

In gleicher Weise wie für das Collège de France kann man auch für jeden andern Ort die Gravitationskonstante g ohne Messung aus der geographischen Breite φ und der Seehöhe H bestimmen und daraus das Normalgewicht der Luft γ_0^{760} dieses Ortes berechnen. Hierbei wird es in den meisten Fällen genügen, die Breite φ aus einer Landkarte oder einem Stadtplan abzuschätzen, da eine Unsicherheit von φ um eine Bogenminute (ca. 1853 m) g im Maximum (bei $\varphi = 45°$) um 0,0015 cm und γ_0^{760} nur um 0,002 mg ändert. Ebenso genügt eine barometrische Bestimmung der Seehöhe H, da einer Unsicherheit von 1 mm Barometerablesung eine Höhendifferenz von ca 11 m entspricht, wodurch sich g um 0,003 cm und γ_0^{760} nur um 0,004 mg ändern würde.

Um den Einfluß einer etwa vorhandenen Ungleichheit in der Massenverteilung auf das durch Reduktion zu ermittelnde g (Ort N) möglichst zu vermindern, wählt man als Ausgangsstation eine möglichst nahe bei Ort N gelegene Station, deren g durch Messung bekannt ist.

Détermination de g et γ_0^{760} pour d'autres lieux de la terre.

De même que pour le Collège de France, on peut déterminer sans mesure directe la constante de gravité g de tout autre lieu d'après la latitude géographique φ et l'altitude au-dessus de la mer H, et on peut en déduire le poids normal de l'air γ_0^{760} en ce lieu. En général, il suffira d'évaluer la latitude géographique φ d'après une carte ou un plan de ville, car une inexactitude d'une minute (soit environ 1853 m) dans la latitude φ modifiant g (à $\varphi = 45°$) de 0,0015 cm au maximum, ne fait varier γ_0^{760} que de 0,002 mg. De même une détermination barométrique de l'altitude H suffit, car à une inexactitude d'un millimètre dans la lecture du baromètre correspond une différence d'altitude d'environ 11 m, ce qui entraînerait pour g une variation de 0,003 cm et ne ferait varier γ_0^{760} que de 0,004 mg.

Pour diminuer autant que possible l'influence qu'une irrégularité de la distribution des masses pourrait avoir sur la valeur g (lieu N) que l'on veut déterminer par réduction, on accepte pour station d'origine une station où g est connu par mesure directe et qui est située très près lieu N.

Determination of g and γ_0^{760} for other places of the earth.

In the same way as for the Collège de France, the constant of gravity g may be found without measurement for any other place from the geographical latitude φ and altitude H and therefrom the normal weight of the air γ_0^{760} at this place can be calculated. It is generally sufficient in this case to approximatively determine the geographical latitude φ from a map or other convenient source, since a difference in the latitude φ of 1' (about 1853 m) entails a maximum variation (at $\varphi = 45°$) in g of 0,0015 cm and in γ_0^{760} of only 0,002 mg. Also a barometrical measurement of the altitude H is sufficiently exact, since a difference of 1 mm of the mercury scale corresponds to a difference in height of about 11 metres, which again entails a variation in g of 0,003 cm and in γ_0^{760} of only 0,004 mg.

In order to compensate any influence which an eventual irregularity of the distribution of masses might have on g (place N) which is to be found by reduction, it is very convenient to accept as original station a station which is situated near place N and the gravity of which is known by measurement.

| Für die **Breitenreduktion** sind in Tabelle I die nach Formel (6) berechneten Reduktionswerte | Pour la **réduction en latitude** on trouve dans la table I les valeurs de réduction | For the **reduction of latitude** table I contains the reduction values |

$$\frac{d\,g\,cm}{d\,\varphi'} = \Delta g_{(\varphi\,1')}$$

| für $\Delta\varphi = 1'$ für jeden Breitengrad angegeben. | pour $\Delta\varphi = 1'$ qui ont été calculées pour chaque degré de latitude d'après la formule (6). | for $\Delta\varphi = 1'$ for every degree of latitude, which are calculated according to the formula (6). |
| Dieselben haben, weil sie aus einer Differentialformel abgeleitet sind, keine unbeschränkte Gültigkeit. Der Fehler des aus dem Werte g der Referenzstation abgeleiteten Wertes g (Ort N) beträgt jedoch bei einem Breitenunterschied φ (Station) minus φ (Ort N) = 6° nur 0,001 cm, wenn das für den Mittelwert von | Dérivées d'une formule différentielle, ces valeurs n'ont qu'une validité limitée. Mais l'inexactitude de la valeur g (lieu N) dérivée de la valeur g (station d'origine) à une différence en latitude φ (stations) moins φ (lieu N) = 6° ne dépasse pas 0,001 cm, si le Δg porté dans la table I | These values, it is true, being derived from a differential formula, have only a limited valability. But the inexactness of the value g (place N) derived from the value g (original station) is, at a difference in latitude φ (station) minus φ (place N) = 6° not greater than 0,001 cm, if the Δg named in the table I for |

$$\varphi\,(\text{Tab. I}) = \frac{\varphi\,(\text{Station}) + \varphi\,(\text{N})}{2}$$

aus Tabelle I zu entnehmende $\Delta g_{(\varphi\,1')}$ in die Rechnung eingesetzt wird (vergl. die Beispiele in Tabelle VII).	est introduit dans le calcul (voir les exemples dans table VII).	is introduced into the calculation (see the examples in the table VII).
Die Beispiele in Tabelle VII zeigen, daß die Reduktionswerte der Tabelle I noch für erhebliche Breitenunterschiede verwendbar sind. Um dies zu veranschaulichen wurde die Reduktion (nach Tabelle I und Formel (8)) für solche Orte ausgeführt, deren Gravitation durch Messung bekannt ist und also dem gerechneten g als Kontrollwert gegenübergestellt werden kann.	Les exemples de la table VII montrent que les valeurs de réduction contenues dans la table I sont valables même pour une différence de latitude considérable. Comme vérification la réduction a été faite (d'après la table I et la formule (8) pour un lieu dont la gravité connue par la mesure directe peut servir de contrôle à la valeur calculée.	The examples in table VII show, that the values of reduction given in table I are correct even for a considerable difference in latitude. In support of this, the reduction was made (according to table I and formula (8)) for a place, the gravity of which being already known by measurement, can serve to control the new calculated value.
Die Reduktion Paris—Berlin ($\Delta\varphi = 4°$) ergibt unter Berücksichtigung der für beide Orte bekannten totalen Anomalie (Kontrolle) noch einen vollkommen richtigen Wert.	La réduction Paris—Berlin ($\Delta\varphi = 4°$) donne une valeur parfaitement exacte, si l'on considère l'anomalie totale (contrôle) qui est connue pour les deux lieux.	The reduction Paris—Berlin ($\Delta\varphi = 4°$) gives an entirely correct value, if the total anomaly (control) is considered which is known of both places.
Für die Reduktion Paris—Petersburg ($\Delta\varphi = 12°$, bei φ Mittelwert = 54° 23',3) ergibt	De la réduction Paris—Pétersbourg ($\Delta\varphi = 12°$ à φ valeur moyenne = 54° 23',3) faite d'après	The reduction Paris—Petersburgh ($\Delta\varphi = 12°$ at φ mean value = 54° 23',3) executed with the

die Tabelle I einen Fehler von 0,002 cm sek^{-2}.

Bei φ (Mittelwert) = 45° erreicht der Reduktionsfehler das Maximum. Aus Tabelle I, in welcher dieser Maximalfehler für verschiedene Breitendifferenzen angegeben ist, geht hervor, daß derselbe selbst bei einem Breitenunterschied von 10° nicht größer ist als die Unsicherheit der gemessenen Werte von g, welche im Mittel ± 0,005 cm sek^{-2} beträgt.

In der Praxis ist jedoch mit so großen Breitenunterschieden nicht zu rechnen, da man stets Gelegenheit haben wird, g (N) von dem gemessenen g einer Station abzuleiten, welche weniger als 100 km von Ort (N) entfernt ist.

In dem Beispiel der Tabelle I ist die Gravitation g Göttingen von dem gemessenen Wert g Gotha = 981,094 cm sek^{-2} abgeleitet.

Da die Entfernung zwischen Göttingen und Gotha 84 km, also weniger als 100 km beträgt, so war die Höhenreduktion nach Formel (9) auszuführen.

Der hier für Göttingen abgeleitete Wert von 981,178 cm zeigt gegenüber dem durch Messung bestimmten g Göttingen = 981,176 (Tab. VII) einen Fehler von nur — 0,002 cm.

Die Gravitation von Göttingen könnte auch nach der Fundamentalformel (5) und einer der beiden Höhenreduktionsformeln (8) oder (9) berechnet werden; doch würden sich hieraus weniger günstige Werte ergeben.

Die Ableitung nach Tabelle I ist daher vorzuziehen, da sie von

la table I résulte une erreur de 0,002 cm sec^{-2}.

A la latitude φ (valeur moyenne) = 45° l'erreur de réduction est un maximum. La table I qui mentionne cette erreur pour un nombre de différences de latitude, montre que l'erreur maximale, même si la différence de latitude est de 10°, ne dépasse pas l'incertitude des valeurs g mesurées qui s'élève a ± 0,005 cm sec^{-2}.

En réalité il faudrait à peine tenir compte de si grandes différences de latitude, car il est probable qu'on aura toujours l'occasion de dériver g (N) du g mesuré d'une station éloignée de moins de 100 km.

Dans l'exemple de la table I la gravité g Göttingen a été dérivée de la valeur mesurée g Gotha = 981,094 cm sec^{-2}.

Comme la distance entre Göttingen et Gotha est inférieure à 100 km (elle n'est que de 84 km) la réduction d'altitude a été faite d'après la formule (9).

La valeur g Göttingen = 981,178 cm trouvée d'après cette méthode ne diffère de la valeur mesurée g Göttingen = 981,176 (Tab. VII) que de — 0,002 cm.

On pourrait déterminer la gravité de Göttingen aussi d'après la formule fondamentale (5) et une des deux formules pour la réduction d'altitude (8) ou (9), mais on aura un résultat moins précis.

La réduction d'après la table I est préférable parce qu'elle repose

help of the table I shows an error of 0,002 cm sec^{-2}.

At φ (mean value) = 45°, the error of reduction is a maximum. The table I which mentiones this error for various differences of latitude, shows that the maximal error, even at a difference in latitude of 10° is not greater than the inexactness of the values found by measurement which amounts to ± 0,005 cm sec^{-2}.

In practice it will, however, scarcely arrive that a reduction to so great a difference in latitude is to be made, as g (N) can probably always be derived from the measured g of a station not more distant than 100 km.

In the example of the table I the gravity g Göttingen was derived from the measured value g Gotha = 981,094 cm sec^{-2}.

As the distance between Göttingen und Gotha is inferior to 100 km (it amounts to 84 km) the reduction of altitude was executed with the help of the formula (9).

The value g Göttingen = 981,178 cm which we find in this way differs from the measured g Göttingen = 981,176 (Tab. VII) by only — 0,002 cm.

The gravity of Göttingen might equally be determined according to the fundamental formula (5) and one of the two formulas for the reduction of altitude (8) or (9), but the values found in this way would be less exact.

The reduction according to the table I is to be prefered, as

einem durch Messung bestimmten Wert ausgeht.	sur une valeur déterminée par mesure directe.	it is founded upon a value determined by direct measurement.
Zweckmäßig ist es g (Ort N) von mehreren Ausgangsstationen abzuleiten und aus den Resultaten das Mittel zu nehmen.	Il est utile de dériver la valeur de g (lieu N) de plusieurs stations d'origine en prenant la moyenne des résultats obtenus.	It is useful to derive the value of g (place N) from various original stations and to take the mean value from the results obtained in this way.
Die **Höhenreduktion** ist, wie bereits erwähnt, mit den Reduktionswerten 0,00020, 0,00025 oder 0,0003086 auszuführen.	La **réduction en altitude** se fait comme il a été dit plus haut, à l'aide des facteurs de réduction 0,00020, 0,00025 ou 0,0003086.	The **reduction of altitude**, as I told already, is made by means of the reduction factors 0,00020, 0,00025 or 0,0003086.
Anstatt der tabellarischen Rechnung kann für die Berechnung von g (Ort N) auch folgende Formel angewendet werden:	Au lieu du calcul tabulaire on se sert également bien de la formule suivante pour déterminer g (lieu N):	Instead of the tabular calculation the following formula may also be used for determining g (place N):

$$g(N) = g(\text{Station}) + \Delta g_{(\varphi\, I')} \cdot \Delta \varphi - \begin{cases} 0{,}0003086 \cdot \Delta H \\ 0{,}00025 \cdot \Delta H \\ 0{,}00020 \cdot \Delta H \end{cases} \quad \begin{matrix} \ldots \ldots (13) \\ \\ \ldots \ldots (13a) \end{matrix}$$

In dieser Formel ist $\Delta \varphi$ die Breitendifferenz φ (Ort N) — φ (Station), Δ H die Höhendifferenz H (Ort N) — H (Station) und $\Delta g_{(\varphi\, I')}$ der aus der Tabelle I zu entnehmende Wert Δg für φ (Mittelwert aus φ (Station) und φ (Ort N)).	Dans cette formule $\Delta \varphi$ est la différence en latitude φ (lieu N) — φ (station), ΔH la différence en altitude H (lieu N) — H (station) et $\Delta g_{(\varphi\, I')}$ correspond à la valeur Δg que l'on trouve dans la table I pour φ (valeur moyenne de φ (station) et de φ (lieu N)).	In this formula $\Delta \varphi$ is the difference in latitude φ (place N), — φ (station) ΔH the difference in altitude H (place N) — H (station), and $\Delta g_{(\varphi\, I')}$ is equal to the value Δg which is to be taken from table I for φ (mean value between φ (station) and φ (place N)).
Das Normalgewicht γ_0^{760} (Ort N) der kohlensäurefreien Luft ergibt sich aus g (Ort N) und Formel (11) wie folgt:	Le poids normal γ_0^{760} (lieu N) de l'air exempt d'acide carbonique résulte de g (lieu N) et de la formule (11).	The normal weight γ_0^{760} (place N) of air free of carbonic acid results from g (place N) and formula (11) as follows:

$$\gamma_0^{760}(N) = g(N) \cdot 1{,}31833 \text{ mg} \ldots \ldots \ldots \ldots (14)$$

IV. Der normale Kohlensäuregehalt der Luft.

Der normale Kohlensäuregehalt der Luft beträgt 0,0004 des Volumens. Derselbe erhöht das Normalgewicht γ_0^{760} um 0,27 mg[1]) (nach anderen Bestimmungen um 0,274 mg).

Da der Kohlensäuregehalt der freien Luft in den Laboratorien fast immer etwas größer ist als normal, so erscheint es zweckmäßig, die durch den Kohlensäuregehalt bedingte Gewichtserhöhung zu 0,28 mg (anstatt 0,27 mg) anzusetzen. Es ist daher

IV. Quantité normale d'acide carbonique contenue dans l'air.

La quantité normale d'acide carbonique contenue dans l'air est de 0,0004 du volume. Elle élève γ_0^{760} de 0,27 mg[1]) (d'après une autre détermination de 0,274 mg).

Comme la quantité d'acide carbonique contenue dans l'air libre des laboratoires est le plus souvent un peu plus élevée que la normale, il semble juste de fixer l'élévation du poids causée par l'acide carbonique à 0,28 mg (au lieu de 0,27 mg). Il en résulte

IV. The Normal Proportion of Carbonic Acid in the Air.

The normal amount of carbonic acid in the air is 0,0004 of the total volume. It increases γ_0^{760} by 0,27 mg[1]) (according to other determinations by 0,274 mg).

Since the proportion of carbonic acid contained in the free air of laboratories is generally somewhat more than normal, it seems suitable to fix the increase of weight produced by carbonic acid at 0,28 mg (instead of 0,27 mg). Thus we find

$$\gamma_0^{760} + CO_2 = \gamma_0^{760} + 0{,}28 \text{ mg} \quad \ldots \ldots \ldots \ldots \quad (15)$$

und folglich das Normalgewicht der Luft mit normalem Kohlensäuregehalt in Paris:

et en conséquence le poids normal de l'air contenant la quanlité normale d'acide carbonique à Paris:

and in consequence the normal weight of air containing the normal proportion of carbonic acid in Paris:

$$\gamma_0^{760} + CO_2 \text{ (Paris)} = 1293{,}21 + 0{,}28 = 1293{,}49 \text{ mg} \quad \ldots \ldots \quad (16)$$

V. Umrechnung des Pariser $\gamma_0^{760} = 1293{,}21$ mg auf das Münchener Normalgewicht γ_0^{760}

Die Normalgewichte γ_0^{760} zweier Orte verhalten sich zu einander wie die Gravitationskonstanten dieser Orte.

Die Gravitationskonstante g beträgt in München an der kgl. Sternwarte in Bogenhausen (geogr. Breite $\varphi = 48°\ 8'{,}7$, Seehöhe H = 525 m) nach Tabelle VII

V. Réduction du poids normal de Paris $\gamma_0^{760} = 1293{,}21$ mg, au poids normal de Munich γ_0^{760}

Les poids normaux γ_0^{760} de deux lieux se comportent entre eux comme les constantes de gravité de ces deux lieux. La constante de gravité g est à Munich à l'Observatoire de Bogenhausen (latitude géogr. 48° 8',7, altitude au-dessus de la mer 525 m), d'après table VII

V. Reduction of the Paris $\gamma_0^{760} = 1293{,}21$ mg to the Munich Normal Weight γ_0^{760}

The relation of the normal weights γ_0^{760} of two places is in direct proportion to the constants of gravity of these places. According to table VII the constant of gravity g is in Munich at the Royal Observatory in Bogenhausen (latitude 48° 8',7 altitude above sea level 525 m)

$$g \text{ (München)} = 980{,}733 \text{ cm sek}^{-2} \pm 0{,}001 \quad \ldots \ldots \ldots \quad (17)$$

---

[1]) Broch. Trav. Mém., Bd. I A, 52. — Metron. Beitrag I, 5.

Hieraus ergibt sich das Normalgewicht eines Liter der trockenen Luft	Il en résulte pour le poids normal d'un litre d'air sec	From this we arrive at the normal weight of a liter of air dry and
a) **ohne Kohlensäure** nach Formel (11) und (17)	a) **exempt d'acide carbonique** d'après les formules (11) et (17)	a) **free of carbonic acid** according to the formulas (11) and (17)

$$\gamma_0^{760} \text{ (München)} = \frac{\gamma_0^{760} \text{ (Paris)} \cdot g \text{ (München)}}{g \text{ (Paris)}} = 1{,}31833 \cdot g \text{ (München)}$$

$$= 1{,}31833 \cdot 980{,}733 = \mathbf{1292{,}93 \text{ Milligramm}} \quad \ldots \ldots \ldots \quad (18)$$

b) **mit normalem Kohlensäuregehalt** nach (15) und (18) in Übereinstimmung mit (1):	b) **contenant la quantité normale d'acide carbonique** d'après (15) et (18) et d'accord avec (1):	b) **with the normal proportion of carbonic acid** according to (15) and (18) corresponding with (1):

$$\gamma_0^{760} + CO_2 \text{ (München)} = 1292{,}93 + 0{,}28 = \mathbf{1293{,}21 \text{ Milligramm}} \quad \ldots \quad (19)$$

Das Gewicht der Luft mit normalem Kohlensäuregehalt beträgt daher in München ebensoviel wie das Gewicht der kohlensäurefreien Luft in Paris.	Le poids d'un litre d'air contenant la quantité normale d'acide carbonique à Munich est donc égal au poids de l'air exempt d'acide carbonique à Paris.	The weight of air containing the normal proportion of carbonic acid is therefore in Munich the same as the weight of air free of carbonic acid in Paris.

B

Berechnung der Tabellen.

Calcul des tables.

Calculation of the Tables.

I. Formeln für die Berechnung der Tabellen III, IV und V.

Nach neueren exakten Untersuchungen von *Amagat*[1]) und *Lord Rayleigh*[2]) hat das *Mariotte*sche Gesetz bei Drucken unterhalb einer Atmosphäre volle Gültigkeit.

Zu der Berechnung der Tabellen III und IV, sowie der Haupttabelle V, welche für die Drucke b = 380 bis 670 mm für jedes zehnte Millimeter und von 680—790 mm für jedes ganze Millimeter, sowie für die Temperaturen t = —1° bis +36° für jeden ganzen Grad die Gewichte γ_t^b eines Liter Luft in Milligramm bis auf das Hundertstel des Milligramm enthält, konnten daher folgende Formeln (20) und (21) verwendet werden. Dieselben beruhen auf dem *Mariotte-Gay-Lussac*schen Gesetze bezw. auch auf dem Einfluß der Dampfspannung e (21).

I. Formules pour le calcul des tables III, IV et V.

D'après les recherches récentes et précises d'*Amagat*[1]) et de *Lord Rayleigh*[2]) la loi de *Mariotte* a pleine valeur pour les pressions au-dessous d'une atmosphère.

Pour le calcul des tables III et IV, ainsi que de la table principale V qui contient pour les pressions b = 380 à 670 mm de 10 en 10 mm et de 680 à 790 mm ainsi que pour les températures t = —1° à +36° de degré en degré, les poids γ_t^b d'un litre d'air en milligrammes jusqu'au centième de milligramme, on peut donc se servir des formules (20) et (21) qui reposent sur la loi de *Mariotte-Gay-Lussac* et sur l'influence de la pression de la vapeur d'eau e (21).

I. Formulas for the Calculation of the Tables III, IV and V.

According to recent exact researches made by *Amagat*[1]) and *Lord Rayleigh*[2]), *Mariotte*'s law is fully applicable to pressures below an atmosphere.

The principal table V contains the weights γ_t^b of a liter of air in milligrams (exact to the hundredth part of a milligramm) for pressures b = 380 to 670 at intervals of 10 to 10 millimetres and 680 to 790 mm at intervals of single millimetres and for temperatures t = —1° to +36° at intervals of single degrees. For this table as well as for the tables III and IV, the formulas (20) and (21) could therefore be used, which are founded upon the law of *Mariotte-Gay-Lussac* and also upon the influence of steam pressure e (21).

---

[1]) Ann. chim. phys. V. 28, p. 480; 1883. — [2]) Phil. Trans. A. 196, p. 205; 1901; — 198, p. 467; 1906.

18

| 1. Für trockene Luft: | 1. Pour l'air sec: | 1. For dry air: |

$$\gamma_t^b = \frac{1293{,}21}{1 + 0{,}00367 \cdot t} \cdot \frac{b}{760} \quad \ldots \ldots \ldots \quad (20)$$

| 2. Für Luft mit 50% relativer Feuchtigkeit: | 2. Pour l'air contenant 50% d'humidité relative: | 2. For air containing 50% of relative moisture: |

$$\gamma_t^b = \frac{1293{,}21}{1 + 0{,}00367 \cdot t} \cdot \frac{b - 0{,}5 \cdot e \cdot 0{,}377}{760} \quad \ldots \ldots \ldots \quad (21)$$

Hierbei ist b die auf 0° des Quecksilbers und der Skala reduzierte Druckangabe eines Quecksilberbarometers, und der Wert e ist die Spannung des gesättigten Wasserdampfes bei der Temperatur t (Tabelle II).	Dans ce cas b indique la pression d'un baromètre à mercure réduite à 0° et la valeur e est la pression de la vapeur d'eau saturante à la température t (Table II).	Herein b is the registration of pressure of a mercury barometer reduced to 0° of the mercury, and e is the pressure of saturated steam at the temperature t (Table II).
Das Druckäquivalent β mm, welches das Luftgewicht γ bei der Temperatur t um ebensoviele Milligramm ändert, als γ sich ändert, wenn die Temperatur um einen Grad zu- oder abnimmt, erhält man, wenn man den Wert der Gewichtsänderung $\Delta\gamma$, welcher einer Temperaturänderung $= \pm 1°$ entspricht, durch den Wert $\Delta\gamma$ dividiert, welcher einer Druckänderung $= \pm 1$ mm entspricht.	On obtient l'équivalent barométrique β mm qui modifie le poids de l'air γ à la température t d'autant de milligrammes que γ change quand la température augmente ou diminue d'un degré, en divisant la valeur du changement de poids $\Delta\gamma$ qui correspond à une variation de température de ± 1 degré par la valeur $\Delta\gamma$ qui correspond à une variation de la pression $= \pm 1$ mm.	The pressure equivalent β mm, which changes the weight of air γ at the temperature t by as many milligrams as γ varies when the temperature increases or decreases by one degree, is found by dividing the value $\Delta\gamma$ corresponding to a change of pressure $= \pm 1$ mm into the value of change of weight which corresponds to a change of temperature $= \pm 1°$.
Da diese Änderung sich etwas verschieden ergibt, je nachdem t um 1° zu- oder abnimmt, so ist hieraus das Mittel genommen.	Comme ce changement se trouve quelque peu différent selon que t augmente ou diminue d'un degré, on prend la moyenne de ces changements.	Since these variations are slightly different according to whether t increases or decreases by one degree, the average of these variations has been taken.
Das Druckäquivalent β der Temperatur ergibt sich daher aus der folgenden, weiter oben (A II) abgeleiteten Formel (3):	L'équivalent barométrique β de la température résulte donc de la formule (3) établie sous A II.	The pressure equivalent β of the temperature can therefore be found by means of the following formula (3) (see also A II.)

$$\beta = \frac{\frac{1}{2}\left(\gamma_{t-1}^b - \gamma_{t+1}^b\right)}{\frac{1}{380}\left(\gamma_t^{760} - \gamma_t^{380}\right)}$$

| Streng genommen hätte man allerdings β durch einen Differentialausdruck zu berechnen. Derselbe würde lauten: | En toute rigueur, on devrait sans doute calculer β par une expression différentielle qui serait: | To be exact, β should have been calculated from a differential term, which is: |

$$\beta_t^b = \frac{db}{dt} = \frac{0{,}00367 \cdot (b - 0{,}5 \cdot e \cdot 0{,}377)}{1 + 0{,}00367 \cdot t} + 0{,}5 \cdot 0{,}377 \frac{de}{dt} \quad \ldots \ldots \quad (22)$$

Die Werte β_t^b wurden jedoch nach Formel (3) berechnet.

Aus den Formeln (20) (21) und (3) wurden die Werte γ_t^{760}, γ_t^{380} sowie β_t^{760} und β_t^{380} berechnet und daraus die in den Tabellen III und IV enthaltenen Interpolationsfaktoren $\Delta\gamma_t^{b\,\pm\,1\,mm}$ und $\Delta\beta_t^{b\,\pm\,1\,mm}$ abgeleitet, wie folgt:

Cependant, les valeurs β_t^b ont été calculées d'après la formule (3).

C'est d'après les formules (20) (21) et (3) que les valeurs γ_t^{760}, γ_t^{380} ainsi que β_t^{760} et β_t^{380} ont été calculées, et on en a dérivé les facteurs d'interpolation $\Delta\gamma_t^{b\,\pm\,1\,mm}$ et $\Delta\beta_t^{b\,\pm\,1\,mm}$ contenues dans les tables III et IV.

The values were, however, calculated according to the formula (3).

From the formulas (20) (21) and (3) the values γ_t^{760}, γ_t^{380} as well as β_t^{760} and β_t^{380} were calculated, and from these the factors of interpolation $\Delta\gamma_t^{b\,\pm\,1\,mm}$ and $\Delta\beta_t^{b\,\pm\,1\,mm}$ shown in the tables III and IV were derived.

$$\Delta\gamma_t^{b\,\pm\,1} = \frac{\gamma_t^{760} - \gamma_t^{380}}{380} \quad \ldots \ldots \ldots \ldots \quad (23)$$

$$\Delta\beta_t^{b\,\pm\,1} = \frac{\beta_t^{760} - \beta_t^{380}}{380} \quad \ldots \ldots \ldots \ldots \quad (24)$$

Nach den Tabellen III und IV wurde alsdann die Haupttabelle V ausgerechnet unter Benützung der folgenden Formeln (25) und (26):

On a également calculé d'après les tables III et IV les valeurs de la table principale V en se servant des formules suivantes (25) et (26):

The principal table V was then calculated according to the tables III and IV with the help of the following formulas (25) and (26):

$$\gamma_t^b = \gamma_t^{760} - (760 - b) \cdot \Delta\gamma_t^{b\,\pm\,1} \quad \ldots \ldots \ldots \quad (25)$$

$$\beta_t^b = \beta_t^{760} - (760 - b) \cdot \Delta\beta_t^{b\,\pm\,1} \quad \ldots \ldots \ldots \quad (26)$$

Mit Hilfe dieser Formeln (25) und (26) und den Tabellen III und IV können in bequemer Weise die Werte γ und β auch für solche Drucke b berechnet werden, in welchen b bis auf Bruchteile des Millimeters angegeben ist, falls man nicht vorzieht, dieselben aus den Werten der Haupttabelle V durch Interpolation zu ermitteln.

Für andere relative Feuchtigkeiten als 50% ergeben sich die Werte γ und β mit Hilfe der Korrektionstafel VI, welche nach folgenden Formeln berechnet wurde:

A l'aide de ces formules (25) et (26) et des tables III et IV on peut commodément calculer les valeurs γ et β pour des pressions b fractions de millimètre, si l'on ne préfère pas dériver ces valeurs par interpolation de la table principale V.

Pour les humidités relatives autres que 50% on obtient les γ et β à l'aide de la table de correction VI, caculée d'après les formules suivantes:

By means of these formulas (25) and (26) and of the tables III and IV, the values γ and β can easily be calculated also for such pressures b, in which b is stated exact to fractions of a millimetre, if it is not prefered to derive them by interpolation from the values of the chief table V.

For proportions of moisture other than 50% the values γ and β are found with the help of the correction table VI, which was calculated according to the following formulas:

$$\Delta\gamma_t^b\,f\% = \tfrac{1}{50}\left(\gamma_t^b\,0\% - \gamma_t^b\,50\%\right)\cdot(50-f) \ldots (27); \quad \Delta\beta_t^b\,f\% = \tfrac{1}{50}\left(\beta_t^b\,0\% - \beta_t^b\,50\%\right)\cdot(50-f) \ldots (28)$$

Es mag hier noch erwähnt werden, daß bei der Berechnung der Tabellen keine Logarithmentafeln, sondern 2 Rechenmaschinen verwendet wurden.	Il convient de remarquer encore que les tables n'ont pas été calculées à l'aide des logarithmes, mais qu'on s'est servi de 2 machines à calculer.	It may still be said that the tables were not calculated with logarithms but with the help of 2 calculating machines.

II. Reduktion der Tabellenwerte γ_t^b und β_t^b für Orte mit anderer Gravitationskonstante. / II. Réduction des valeurs γ_t^b et β_t^b des tables pour des lieux possédant une autre constante de gravité. / II. Reduction of the Values γ_t^b and β_t^b for Places with another Constant of Gravity.

Die Tabellenwerte gelten, wie bereits erwähnt,

a) für **kohlensäurefreie Luft** und g = 980,947 (Paris) und

b) für **Luft mit normalem Kohlensäuregehalt** und g = 980,733 (München).

Um γ_t^b und β_t^b für einen Ort (N) mit der Gravitationskonstante g (Ort N) zu erhalten, sind sie nach einer der folgenden Formeln zu berechnen:

a) für **kohlensäurefreie Luft** ist

Les valeurs des tables sont valables, comme il a déjà été dit:

a) pour **l'air exempt d'acide carbonique** et g = 980,947 (Paris) et

b) pour **l'air contenant la quantité normale d'acide carbonique** et g = 980,733 (Munich).

Pour obtenir le γ_t^b pour un lieu dont la constante de gravité est g (lieu N), il faut introduire la valeur γ_t^b dans l'une des deux formules suivantes ·

a) pour **l'air exempt d'acide carbonique**:

The values of the table are valid, as already mentioned

a) for **air free of carbonic acid** and g = 980,947 (Paris) and

b) for **air with the normal proportion of carbonic acid** and g = 980,733 (Munich).

In order to obtain γ_t^b for a place with the constant of gravity g (place N) they must be inserted in one of the following formulas:

a) for **air free of carbonic acid**:

$$\gamma_t^b(N) = \gamma_t^b (\text{Tab.}) \frac{g(N)}{980{,}947 \text{ (Paris)}} \quad \ldots \ldots \ldots (29)$$

$$\beta_t^b(N) = \beta_t^b (\text{Tab.}) \frac{g(N)}{980{,}947 \text{ (Paris)}} \quad \ldots \ldots \ldots (30)$$

b) für **Luft mit normalem Kohlensäuregehalt** ist

b) pour **l'air contenant la quantité normale d'acide carbonique**:

b) for **air with the normal proportion of carbonic acid**:

$$\gamma_t^b(N) = \gamma_t^b (\text{Tab.}) \frac{g(N)}{980{,}733 \text{ (München)}} \quad \ldots \ldots \ldots (31)$$

$$\beta_t^b(N) = \beta_t^b (\text{Tab.}) \frac{g(N)}{980{,}733 \text{ (München)}} \quad \ldots \ldots \ldots (32)$$

In dem Verzeichnis der Gravitationswerte g, (Tabelle VII)	Dans la liste des valeurs de gravité g (table VII), chaque sta-	In the list of the values of gravity g (table VII) each station

sind bei jeder Station die aus den Quotienten der Formeln (29) (30) und (31) (32) berechneten Reduktionsfaktoren F bereits angegeben.	tion est accompagnée des facteurs de réduction F déduits des quotients des formules (29) (30) et (31) (32).	is accompanied by the reduction factors F (derived from the quotients of the formulas (29) (30) and (31) (32).
Für Luft **ohne** CO_2 (Kohlensäure) ist	Pour l'air **sans** CO_2 (acide carbonique)	For air **free** of CO_2 (carbonic acid)

$$F = \frac{g \text{ (Station)}}{980{,}947} \quad \ldots \ldots \ldots \ldots \ldots \quad (33)$$

Für Luft **mit** CO_2 (normalem Kohlensäuregehalt) ist	Pour l'air **avec** CO_2 (quantité normale d'acide carbonique)	For air **with** CO_2 (normal proportion of carbonic acid)

$$F = \frac{g \text{ (Station)}}{980{,}733} \quad \ldots \ldots \ldots \ldots \ldots \quad (34)$$

Um die Werte γ_t^b und β_t^b für die Gravitation einer in Tabelle VII angegebenen Station zu erhalten, multipliziert man γ_t^b und β_t^b der Tabellen III, IV und V mit den Reduktionsfaktoren F dieser Station, wie folgt:	Pour déterminer les valeurs γ_t^b et β_t^b pour la gravité d'une station de la table VII, on multiplie γ_t^b et β_t^b des tables III, IV et V avec les facteurs de réduction F de cette station selon les formules suivantes:	In order to obtain the values γ_t^b et β_t^b for the gravity of a station in table VII, γ_t^b and β_t^b of the tables III, IV and V must be multiplied with the reduction factors F of this station, according to the following formulas:

$$\gamma_t^b \text{ (Station)} = \gamma_t^b \text{ (Tab.)} \cdot F \quad \ldots \ldots \ldots \ldots \quad (35)$$

$$\beta_t^b \text{ (Station)} = \beta_t^b \text{ (Tab.)} \cdot F \quad \ldots \ldots \ldots \ldots \quad (36)$$

Beispiele. | Exemples. | Examples.

Für trockene Luft | Pour l'air sec | For dry air

a) ohne, sans, without CO_2

Paris

$\gamma_0^{760} = 1293{,}21 \cdot 1{,}000000 = 1293{,}21$ mg

$\gamma_{20}^{716} = 1135{,}03 \cdot 1{,}000000 = 1135{,}03$ mg

München

$\gamma_0^{760} = 1293{,}21 \cdot 0{,}999782 = 1293{,}93$ mg

$\gamma_{20}^{716} = 1135{,}03 \cdot 0{,}999782 = 1134{,}78$ mg

$\beta_{20}^{716} = 2{,}448 \cdot 0{,}999782 = 2{,}447$ mm

b) mit, avec, with CO_2

Paris

$\gamma_0^{760} = 1293{,}21 \cdot 1{,}000218 = 1293{,}49$ mg

$\gamma_{20}^{716} = 1135{,}03 \cdot 1{,}000218 = 1135{,}28$ mg

München

$\gamma_0^{760} = 1293{,}21 \cdot 1{,}000000 = 1293{,}21$ mg

$\gamma_{20}^{716} = 1135{,}03 \cdot 1{,}000000 = 1135{,}03$ mg

$\beta_{20}^{716} = 2{,}448 \cdot 1{,}000000 = 2{,}448$ mm.

IV. Bemerkungen zu den Tabellenwerten.

Die Werte der Tabellen III, IV und V gelten streng genommen für München nur für die *Kgl. Sternwarte* in Bogenhausen. Da jedoch zwischen dieser und meinem am *Lenbachplatz* gelegenen *Laboratorium* ein Höhenunterschied von nur wenigen Metern und ein Breitenunterschied von weniger als einer Bogenminute besteht, so sind die Tabellenwerte ohne jede Reduktion auch für mein Laboratorium gültig.

Das gleiche gilt auch bezüglich der übrigen wissenschaftlichen Institute in München — *Universität, Techn. Hochschule, Laboratorium für techn. Physik der Techn. Hochschule* etc. — Ebenso erstreckt sich die Gültigkeit der Tabellenwerte in Paris (hier für kohlensäurefreie Luft) über das ganze Stadtgebiet.

Bezüglich der Tabellenwerte β sind folgende Ergebnisse bemerkenswert:

1. Das Druckäquivalent β für die Temperaturänderung von 1^0 der trockenen Luft nimmt bei jedem beliebigen Druck b mit zunehmender Temperatur stetig ab.

2. Bei der feuchten Luft dagegen gibt es für jeden beliebigen Druck b eine bestimmte Temperatur, bei welcher β einen **Minimalwert** besitzt. Ich möchte sie als die **Kulminationstemperatur** t_c des Druckäquivalents β bezeichnen. Sowohl bei den Temperaturen, welche oberhalb als auch bei jenen, welche unterhalb dieser Kulminationstemperatur t_c liegen, hat β einen größeren Wert.

IV. Remarques sur les valeurs de la table.

Rigoureusement parlant, les valeurs des tables III, IV et V ne sont valables à Munich que pour *l'Observatoire* de Bogenhausen, mais, comme entre celui-ci et mon *laboratoire* situé *Lenbachplatz* la différence d'altitude n'est que de quelques mètres et la différence de latitude de moins d'une minute, les valeurs de la table sont également et sans aucune réduction valables pour mon laboratoire.

Il en est de même pour les autres établissements scientifiques de Munich — *Université, Ecole Technique Supérieure, laboratoire de physique technique de l'Ecole Technique Supérieure* etc. — De même, les valeurs des tables sont valables à Paris (pour l'air exempt d'acide carbonique) dans toute l'enceinte de la ville.

Au sujet des valeurs β on a fait les observations suivantes:

1. L'équivalent barométrique β pour la variation de température d'un degré de l'air sec s'abaisse constamment à une pression quelconque b, lorsque la température s'élève.

2. Par contre pour l'air humide il y a pour une pression quelconque b une température déterminée à laquelle β possède une **valeur minima**; je la désignerais sous le nom de **température de culmination** t_c de l'équivalent barométrique. Aussi bien aux températures qui sont plus élevées ou plus basses que cette température de culmination t_c, β a une valeur plus grande.

IV. Observations to the Values of the Table.

The values of the tables III, IV and V are, strictly speaking, only correct for the *Royal Observatory* in Bogenhausen. Since, however, there exists, between the latter and my *laboratory* at the *Lenbachplatz*, a difference of altitude of only a few metres, and a difference of latitude of less than one minute, the values of the table may be considered as also correct for my laboratory without any reduction.

This also applies to the other scientific institutes in Munich — *University, Technical High School, Laboratory of Technical Physics of the Technical High School* etc. — Also in Paris the values of the tables (here for air free of carbonic acid) may be assumed to be correct everywhere within the city.

As to the values β we arrive at the following observations:

1. The pressure equivalent β for a variation in temperature of 1^0 of dry air diminishes for any desired pressure b continuously with the increase of temperature.

2. For moist air on the other hand, there exists for every pressure b a certain temperature for which β is a **minimum**. I should like to designate it as the **culmination temperature** t_c of the pressure equivalent β. Both for temperatures which lie above this culmination temperature t_c as also for those which lie below, β has a greater value.

Es liegt beispielsweise bei der Luft mit 50% relativer Feuchtigkeit für den Druck b = 760 mm, wie aus den Tabellen IV und V hervorgeht, die Kulminationstemperatur für β bei $t_c = 17°$. Hier erreicht β den kleinsten Wert mit 2,788 mm, während β mit den höheren und mit den tieferen Temperaturen allmählich zunimmt. Für b = 380 mm ist $t_c = 5°$.	Par exemple pour l'air avec 50% d'humidité relative, à la pression b = 760 mm, la température de culmination de β est de $t_c = 17°$, comme il ressort des tables III, IV et V. Dans ce cas β atteint la plus petite valeur avec 2,788 mm pendant que β augmente peu à peu avec les températures plus élevées et plus basses. Pour b = 380 mm $t_c = 5°$.	For instance, for air with 50% of moisture at a pressure b = 760 mm, the culmination temperature for β is $t_c = 17°$ as may be seen from the tables III, IV and V. β here attains its lowest value with 2,788 mm, and gradually increases at higher and lower temperatures. For b = 380 mm $t_c = 5°$.
Die Kulminationstemperatur t_c ist mithin bei jedem Druck eine andere, sie steigt mit zunehmendem Druck.	La température de culmination t_c varie donc pour chaque pression; elle s'élève en même temps que la pression.	The culmination temperature t_c is therefore different for every pressure; it rises according to the increase of pressure.
3. In gewissen Fällen ist auch die Kenntnis des Temperaturäquivalents τ für 1 mm Druckänderung erwünscht. Dasselbe ist $$\tau = \frac{1}{\beta}$$	3. Dans certains cas, la connaissance de l'équivalent de température τ pour une variation de pression d'un millimètre est également désirable. $\tau = \frac{1}{\beta}$	3. In some cases, it is desirable to know the temperature equivalent τ for 1 mm change of pressure. This is $\tau = \frac{1}{\beta}$
Von mancher Seite dürfte vielleicht der Einwand erhoben werden, daß die Genauigkeitsangabe der Tabellenwerte γ_t^b bis auf das Hundertstel des Milligramm über das praktische Bedürfnis hinausgehe.	On pourrait peut-être objecter que l'exactitude des valeurs γ_t^b déterminées jusqu'au centième du milligramme excède les besoins pratiques.	It might be objected that the exactness of the values γ_t^b designated to the hundredth of a milligram, exceeds practical necessity.
Es sei daher nochmals darauf hingewiesen, daß meine schon in der Einleitung erwähnten Untersuchungen über den Einfluß von Luftdruck und Temperatur auf die Schwingungsdauer der Pendel astronomischer Präzisionsuhren und insbesondere auf die Berechnung der Kompensation dieser Pendel eine größere Genauigkeit der Unterlagen erfordern, als die Mehrzahl der anderen physikalischen und chemischen Untersuchungen, für welche die Tabellenwerte dieses Buches Verwendung finden können.	C'est pourquoi je tiens à répéter encore que mes expériences sur l'influence exercée par la pression atmosphérique et la température sur la durée de l'oscillation des pendules d'horloges astronomiques et particulièrement sur le calcul de la compensation de ces pendules, exigent des bases plus exactes que la plupart des autres expériences physiques et chimiques pour lesquelles ont été rassemblées les valeurs tabulaires données dans cet ouvrage.	That is why it may be repeated that my experiments on the influence which air-pressure and temperature exercise upon the duration of oscillation of the pendulums of astronomical clocks, and especially upon the calculation of the compensation of these pendulums, require a greater exactness of their bases than most other physical or chemical experiments, which can be carried on with the help of the values of this book.
Nur durch die Berücksichtigung aller, auch der minimalsten Einflüsse ist es heute möglich ge-	Ce n'est que l'observation de toutes les influences, même des minimes, qui permet aujourd'hui	It was only by the observation of even the least influences, that we succeeded now

worden, den Kompensationsfehler dieser Pendel bis auf ein paar Tausendstel Sekunden pro Tag und Grad Celsius, sowie die mittlere tägliche Gangvariation dieser Uhren bis auf wenige Tausendstel Sekunden herabzudrücken.	de diminuer l'erreur de compensation de ces pendules jusqu'à un petit nombre de millièmes de seconde par jour et par degré centigrade et la variation moyenne de la marche quotidienne de ces horloges à quelques millièmes de la seconde.	in diminishing the error of compensation of these pendulums to some thousandths of a second per day and degree Celsius, and the mean variation of the daily rate of these clocks to few thousandths of a second.
In vielen Fällen erreichte der beobachtete Kompensationsfehler noch nicht den Betrag einer Tausendstel Sekunde.	Souvent l'erreur observée de la compensation n'atteint pas un millième de seconde.	In many cases the observed error of compensation does not amount to one thousandth of a second.
Bei dem Invar- (Nickelstahl) Pendel *Riefler* Nr. 707 in der Uhr *Riefler* Nr. 20 in Potsdam[1]) beträgt beispielsweise der Kompensationsfehler nur	Ainsi pour le pendule en Invar (acier au nickel) *Riefler* Nr. 707 dans l'horloge *Riefler* Nr. 20 à Potsdam[1]) l'erreur de compensation n'est que de	For instance, the Invar (nickel-steel) pendulum *Riefler* Nr. 707 of the clock *Riefler* Nr. 20 in Potsdam, has an error of compensation of only

$$-0{,}00015 \text{ Sec.}$$

Dies ist für jede Pendelschwingung ein Fehler von	C'est, pour une oscillation du pendule, une erreur de	This means, for every oscillation of the pendulum, an error of

$$-\frac{0{,}00015}{86400} = -0{,}000000001736 \text{ Sec.}$$

also ein Genauigkeitsgrad von	ou bien un degré d'exactitude de	or a degree of exactness of

$$\frac{1}{576\,000\,000}$$

Fehler = 1 Sekunde auf 576 Millionen Sekunden).	(erreur = 1 seconde en 576 millions de secondes.)	(error = 1 seconde in 576 millions seconds.)
Es mag noch erwähnt werden, daß die Tabellen auch in der Aëronautik verwendbar sind. Die Werte γ_t^b bezeichnen das Gewicht der Luft in Gramm, wenn man das Kubikmeter als Volumeneinheit annimmt.	Il sera intéressant de noter que les tables sont aussi utilisables à l'aéronautique; les valeurs γ_t^b désignent le poids de l'air en grammes, si le mètre cube est adopté comme unité de volume.	It may be added that the tables can also be used in aeronautics; the values γ_t^b state the weight of air in grams, if the cubic metre is considered as unit of volume.

---

[1]) Königl. Geod. Institut in Potsdam (Prof. Wanach): „Jahresbericht 1906—1907".

C

Tabellen

Tables

Jede Tabelle, mit Ausnahme der Tabelle II, enthält im Titel die Formel, nach welcher sie berechnet wurde.

Auch ist die Formel für den Gebrauch der Tabelle samt einem Beispiel angegeben.

Chaque table excepté la table II contient au titre la formule employée à son calcul.

L'application de la formule est chaque fois démontrée par un exemple numérique.

Each table with the exception of table II contains at its head the formula by which it was calculated.

A formula and an example for the use of the table are also added.

Tabelle I
Reduktion der Gravitation g von der geographischen Breite φ (Station) auf φ (Ort N).

Table I
Réduction de la gravité g de la latitude géographique φ (station) à φ (lieu N).

Table I
Reduction of the Gravity g from the Geographical Latitude φ (Station) to φ (Place N).

$$\frac{dg_0^n}{d\varphi} = \Delta g_0^n = \frac{978{,}030}{3437{,}75} \cdot (0{,}005\,302 \cdot 2 \cdot \sin\varphi \cdot \cos\varphi - 0{,}000007 \cdot 4 \cdot \sin 2\varphi \cdot \cos 2\varphi) \quad \ldots (6)$$

$$\Delta g_{(\varphi\,1')} = \Delta g \text{ cm } \begin{matrix}\text{für}\\\text{pour}\\\text{for}\end{matrix} \Bigg\} \Delta\varphi = 1'; \quad \varphi(\text{Tab. I}) = \frac{\varphi(\text{Station}) + \varphi(\text{N})}{2}; \quad \Delta g_{(\varphi)} = \Delta g_{(\varphi\,1')}(\text{Tab. I}) \cdot \Delta\varphi$$

φ	Δg(φ 1′) cm	Δg(φ 1′) cm	φ
0°	0,000000	0,000000	90°
1	52	53	89
2	105	106	88
3	157	158	87
4	209	211	86
5	0,000261	0,000263	85
6	312	315	84
7	363	367	83
8	414	418	82
9	464	468	81
10	0,000513	0,000518	80
11	562	568	79
12	611	616	78
13	658	664	77
14	705	711	76
15	0,000751	0,000758	75
16	796	803	74
17	840	847	73
18	883	890	72
19	925	933	71
20	0,000966	0,000973	70
21	1005	1013	69
22	1044	1052	68
23	1081	1089	67
24	1117	1125	66
25	0,001152	0,001159	65
26	1185	1192	64
27	1217	1224	63
28	1247	1254	62
29	1276	1283	61
30	0,001303	0,001310	60
31	1329	1335	59
32	1353	1359	58
33	1375	1381	57
34	1396	1401	56
35	0,001415	0,001420	55
36	1432	1437	54
37	1448	1452	53
38	1462	1465	52
39	1474	1477	51
40	0,001484	0,001487	50
41	1493	1495	49
42	1499	1501	48
43	1504	1505	47
44	1507	1508	46
45	0,001508	0,001508	45

Die nach Tabelle I berechneten Werte g haben, weil sie aus einer Differentialformel abgeleitet sind, keine unbeschränkte Gültigkeit.

Bei der mittleren Breite

Les valeurs g calculées d'après la table I ayant été dérivées d'une formule différentielle n'ont qu'une validité limitée.

A la latitude moyenne

The values calculated with the help of table I, being derived from a differential formula, have only a limited value.

At the mean latitude

$$\frac{\varphi(\text{Station}) + \varphi(\text{N})}{2} = 45°$$

erreicht der Reduktionsfehler das Maximum. Die folgende Tabelle zeigt, welcher Maximalfehler (Diff. maxim.) von g sich bei verschiedenen Breitenunterschieden Δφ ergibt.

l'erreur de réduction est un maximum. La table suivante montre cette erreur maximale pour un nombre de différences Δφ de latitude.

the error of reduction is a maximum. The following table shows this maximal error for various differences Δφ of latitude.

φ(N) − φ(Stat.) = Δφ	Diff. maxim. g(φ) cm	φ(N) − φ(Stat.) = Δφ	Diff. maxim. g(φ) cm
2° 48′	0,0001	7° 35′	0,002
3 31	0,0002	10 17	0,005
4 46	0,0005	12 58	0,01
6 01	0,001	16 20	0,02

Reduction altit. Δg(H)

Distanz: (Station) − (N) $\begin{cases} < 100 \text{ km} \\ 100\text{—}200 \text{ km} \\ > 200 \text{ km} \end{cases}$ $\Delta g_{(H)} = \begin{cases} -0{,}00020 \cdot \Delta H \ldots (9) \\ -0{,}00025 \cdot \Delta H \\ -0{,}0003086 \cdot \Delta H \ldots (8) \end{cases}$

$$g(N) = g(\text{Station}) + \Delta g_{(\varphi)} - \Delta g_{(H)}$$

Beispiel: Bestimmung von ⎫   aus ⎫
Exemple: Détermination de ⎬ g Göttingen de ⎬ g Gotha, $\Delta \varphi$ & ΔH
Example: Determination of ⎭   from ⎭

Distanz Gotha—Göttingen = 84 km (< 150 km); $\Delta g_{(H)} = -\Delta H \cdot 0{,}00020$ . . . (9)

Reduction latit. $\Delta g_{(\varphi)}$: Tab. I & $\Delta \varphi$; Reduction altit. $\Delta g_{(H)}$: Formel . . . . . (9)

g Göttingen = g Gotha + $\Delta \varphi \cdot \Delta g_{(\varphi 1')}$ (Tab. I) — $\Delta H \cdot 0{,}00020$ cm . . . . . . (13a)

1. Station 2. N	φ	$\Delta \varphi$	$\dfrac{\varphi \text{ Stat.} + \varphi \text{ N}}{2}$	$\Delta \varphi \cdot \Delta g_{(\varphi 1')}$ (Tab. I) $= \Delta g_{(\varphi)}$ cm	H m	ΔH m	ΔH $\times$ 0,00020 $= \Delta g_{(H)}$ cm	$\Delta g_{(\varphi)} - \Delta g_{(H)}$ $= \Delta g$ cm	g cm
Gotha Observ. .	50° 56',6			$\Delta \varphi \cdot 0{,}001474$	322				981,094
		+35',4	51° 14',3	+0,0522		—160	—0,0320	+0,084	
Göttingen Obs. .	51 32,0				162				981,178

Controlle: g Göttingen observ. (Tab. VII) = 981,176
Diff. = —0,002

Tabelle II	Table II	Table II
Spannkraft e des gesättigten Wasserdampfes in Millimeter Quecksilberdruck bei der Temperatur t°.	Pression e de la vapeur d'eau saturante (pression barométrique à la température t°) en millimètres.	Pressure e of Saturated Steam (Air-pressure at the Temperature t°) in Millimetres.

t°	e^{mm}	t°	e^{mm}	t°	e^{mm}	t°	e^{mm}	t°	e^{mm}
—2	3,95	6	6,97	14	11,88	22	19.63	30	31,51
—1	4,25	7	7,47	15	12,67	23	20,86	31	33,37
0	4,57	8	7,99	16	13,51	24	22,15	32	35,32
+1	4,91	9	8,55	17	14,39	25	23,52	33	37,37
2	5,27	10	9,14	18	15,33	26	24,96	34	39,52
3	5,66	11	9,77	19	16,32	27	26,47	35	41,78
4	6,07	12	10,43	20	17,36	28	28,07	36	44,16
5	6,51	13	11,14	21	18,47	29	29,74	37	46,65
t°	e^{mm}	t°	e^{mm}	t°	e^{mm}	t°	e^{mm}	t°	e^{mm}

	Tabelle III	Table III	Table III
	Interpolations-Faktoren $\Delta\gamma_t^{b\pm1}$ und $\Delta\beta_t^{b\pm1}$ für die Berechnung von γ und β der trockenen Luft in Tabelle V.	Facteurs d'interpolation $\Delta\gamma_t^{b\pm1}$ et $\Delta\beta_t^{b\pm1}$ pour le calcul de γ et β de l'air sec dans la table V.	Factors of Interpolation $\Delta\gamma_t^{b\pm1}$ and $\Delta\beta_t^{b\pm1}$ for the Calculation of γ and β of Dry Air in Table V.

$$\gamma_t^b = \frac{1293{,}21}{1 + 0{,}00367 \cdot t} \cdot \frac{b}{760} \quad \ldots \ldots \quad (20);$$

$$\Delta\gamma_t^{b\pm1} = \frac{\gamma_t^{760} - \gamma_t^{380}}{380} \quad \ldots \ldots \quad (23)$$

$$\beta_t^b = \frac{\frac{\gamma_{t-1}^b - \gamma_{t+1}^b}{2}}{\frac{\gamma_t^{760} - \gamma_t^{380}}{380}} \quad \ldots \ldots \quad (3);$$

$$\Delta\beta_t^{b\pm1} = \frac{\beta_t^{760} - \beta_t^{380}}{380} \quad \ldots \ldots \quad (24)$$

t^0	γ_t^{760} mg	γ_t^{380} mg	$\Delta\gamma_t^{b\pm1}$ mg	β_t^{760} mm	β_t^{380} mm	$\Delta\beta_t^{b\pm1}$ mm	t^0
-1^0	1297,9735630	648,9867815	1,7078600				-1^0
0^0	1293,2100000	646,6050000	1,7015921	2,789238	1,394619	0,0036700	0^0
$+1^0$	88,4812737	44,2406369	1,6953701	2,779038	1,389519	36566	$+1^0$
2	83,7870034	41,8935017	1,6891934	2,768913	1,384457	36433	2
3	79,1268138	39,5634069	1,6830616	2,758862	1,379431	36301	3
4	74,5003351	37,2501675	1,6769741	2,748883	1,374441	36169	4
5	1269,9072028	634,9536014	1,6709305	2,738976	1,369488	0,0036039	5
6	65,3470578	32,6735289	1,6649303	2,729140	1,364570	35910	6
7	60,8195459	30,4097729	1,6589731	2,719375	1,359687	35781	7
8	56,3243180	28,1621590	1,6530583	2,709679	1,354840	35654	8
9	51,8610302	25,9305151	1,6471856	2,700052	1,350026	35527	9
10	1247,4293431	623,7146716	1,6413544	2,690494	1,345247	0,0035401	10
11	43,0289224	21,5144612	1,6355644	2,681003	1,340501	35276	11
12	38,6594383	19,3297192	1,6298150	2,671578	1,335789	35152	12
13	34,3205658	17,1602829	1,6241060	2,662220	1,331110	35029	13
14	30,0119842	15,0059921	1,6184368	2,652927	1,326463	34907	14
15	1225,7333776	612,8666888	1,6128071	2,643698	1,321849	0,0034785	15
16	21,4844340	10,7422170	1,6072164	2,634534	1,317267	34665	16
17	17,2648462	08,6324231	1,6016643	2,625432	1,312716	34545	17
18	13,0743110	06,5371555	1,5961504	2,616394	1,308197	34426	18
19	08,9125293	04,4562647	1,5906744	2,607418	1,303709	34308	19
20	1204,7792063	602,3896031	1,5852358	2,598503	1,299251	0,0034191	20
21	00,6740509	00,3370254	1,5798343	2,589648	1,294824	34074	21
22	1196,5967763	598,2983881	1,5744694	2,580854	1,290427	33959	22
23	92,5470993	96,2735497	1,5691409	2,572119	1,286060	33844	23
24	88,5247408	94,2623704	1,5638483	2,563444	1,281722	33730	24
25	1184,5294252	592,2647126	1,5585913	2,554826	1,277413	0,0033616	25
26	80,5608808	90,2804404	1,5533696	2,546267	1,273133	33503	26
27	76,6188392	88,3094196	1,5481827	2,537764	1,268882	33392	27
28	72,7030360	86,3515180	1,5430303	2,529318	1,264659	33280	28
29	68,8132100	84,4066050	1,5379121	2,520928	1,260464	33170	29
30	1164,9491037	582,4745518	1,5328278	2,512594	1,256297	0,0033060	30
31	61,1104627	80,5552313	1,5277769	2,504314	1,252157	32951	31
32	57,2970361	78,6485180	1,5227593	2,496089	1,248045	32843	32
33	53,5085763	76,7542882	1,5177744	2,487918	1,243959	32736	33
34	49,7448390	74,8724195	1,5128222	2,479800	1,239900	32629	34
35	1146,0055829	573,0279914	1,5079021	2,471736	1,235868	0,0032523	35
36	1142,2905699	571,1452849	1,5030139				36

$$\gamma_t^b = \gamma_t^{760} - (760 - b) \cdot \Delta\gamma_t^{b\pm1} \quad \ldots \quad (25); \qquad \beta_t^b = \beta_t^{760} - (760 - b) \cdot \Delta\beta_t^{b\pm1} \quad \ldots \quad (26)$$

Exemp. $\gamma_{20^0}^{716,25} = \gamma_{20}^{760} - (760 - 716{,}25) \cdot \Delta\gamma_{20}^{b\pm1} = 1204{,}779 - 43{,}75 \cdot 1{,}5852358 = 1135{,}425$ mg   (25)

Tabelle IV
Interpolations-Faktoren

$\Delta\gamma_t^{b \pm 1}$ und $\Delta\beta_t^{b \pm 1}$ für die Berechnung von γ und β der Luft mit 50% relativer Feuchtigkeit in Tabelle V.

Table IV
Facteurs d'interpolation

$\Delta\gamma_t^{b \pm 1}$ et $\Delta\beta_t^{b \pm 1}$ pour le calcul de γ et β de l'air contenant 50% d'humidité relative dans la table V.

Table IV
Factors of Interpolation

$\Delta\gamma_t^{b \pm 1}$ and $\Delta\beta_t^{b \pm 1}$ for the Calculation of γ and β of Air Containing 50% of Relative Moisture in Table V.

$$\gamma_t^b = \frac{1293{,}21}{1+0{,}00367 \cdot t} \cdot \frac{b - 0{,}5 \cdot e \cdot 0{,}377}{760} \quad (21);$$

$$\beta_t^b = \frac{\frac{\gamma_{t-1}^b - \gamma_{t+1}^b}{2}}{\frac{\gamma_t^{760} - \gamma_t^{380}}{380}} \quad \ldots \quad (3);$$

$$\Delta\gamma_t^{b \pm 1} = \frac{\gamma_t^{760} - \gamma_t^{380}}{380} \quad \ldots \quad (23)$$

$$\Delta\beta_t^{b \pm 1} = \frac{\beta_t^{760} - \beta_t^{380}}{380} \quad \ldots \quad (24)$$

t^0	γ_t^{760} mg	γ_t^{380} mg	$\Delta\gamma_t^{b \pm 1}$ mg	β_t^{760} mm	β_t^{380} mm	$\Delta\beta_t^{b \pm 1}$ mm	t^0
-1^0	1296,6054988	647,6187173	1,7078600				-1^0
0^0	1291,7443275	645,1393275	1,7015921	2,848269	1,453650	0,0036700	0^0
$+1^0$	86,9123158	42,6716790	1,6953701	2,841616	1,452097	36566	$+1^0$
2	82,1091451	40,2156434	1,6891934	2,835965	1,451508	36433	2
3	77,7313290	37,7679222	1,6830616	2,830375	1,450944	36301	3
4	72,5817533	35,3315857	1,6767941	2,824840	1,450398	36169	4
5	1267,8569630	632,9033616	1,6709305	2,819364	1,449876	0,0036039	5
6	63,1598295	30,4863006	1,6649303	2,814881	1,450311	35910	6
7	58,4838020	28,0740291	1,6589731	2,810456	1,450769	35781	7
8	53,8348863	25,6727272	1,6530583	2,806077	1,451237	35654	8
9	49,2065840	23,2760690	1,6471856	2,802695	1,452668	35527	9
10	1244,6017701	620,8870985	1,6413544	2,799356	1,454109	0,0035401	10
11	40,0171130	18,5026518	1,6355644	2,796068	1,455566	35276	11
12	35,4554723	16,1257531	1,6298150	2,793761	1,457972	35152	12
13	30,9104837	13,7502008	1,6241060	2,791505	1,460395	35029	13
14	26,3880737	11,3820816	1,6184368	2,789283	1,462820	34907	14
15	1221,8819272	609,0152384	1,6128071	2,788988	1,467139	0,0034785	15
16	17,3918749	06,6496578	1,6072164	2,787788	1,470521	34665	16
17	12,9207688	04,2883457	1,6016643	2,787562	1,474846	34545	17
18	08,4623966	01,9252411	1,5961504	2,788316	1,480119	34426	18
19	04,0196251	599,5633604	1,5906744	2,788158	1,484449	34308	19
20	1199,5922944	597,2026913	1,5852358	2,789911	1,490660	0,0034191	20
21	95,1742914	94,8372659	1,5798343	2,791697	1,496873	34074	21
22	90,7714560	92,4730678	1,5744694	2,793504	1,503077	33959	22
23	86,3777193	90,1041696	1,5691409	2,796281	1,510222	33844	23
24	81,9959367	87,7335663	1,5638483	2,800018	1,518296	33730	24
25	1177,6201125	585,3553999	1,5585913	2,804719	1,527306	0,0033616	25
26	73,2531145	82,9726741	1,5533696	2,808494	1,535361	33503	26
27	68,8948542	80,5854346	1,5481827	2,814166	1,545284	33392	27
28	64,5394280	78,1879100	1,5430303	2,819857	1,555198	33280	28
29	60,1926048	75,7859998	1,5379121	2,826493	1,566029	33170	29
30	1155,8456322	573,3710804	1,5328278	2,835026	1,578729	0,0033060	30
31	51,5013911	70,9461598	1,5277769	2,842620	1,590462	32951	31
32	47,1598547	68,5113367	1,5227593	2,851158	1,603114	32843	32
33	42,8181357	66,0638475	1,5177744	2,860642	1,616683	32736	33
34	38,4762358	63,6038163	1,5128222	2,871065	1,631165	32629	34
35	1134,1313148	561,1285233	1,5079021	2,883366	1,647498	0,0032523	35
36	1129,7805691	558,6352842	1,5030139				36

$$\gamma_t^b = \gamma_t^{760} - (760 - b) \cdot \Delta\gamma_t^{b \pm 1} \quad \ldots \quad (25); \qquad \beta_t^b = \beta_t^{760} - (760 - b) \cdot \Delta\beta_t^{b \pm 1} \quad \ldots \quad (26)$$

Exemp. $\beta_{20}^{716,25} = \beta_{20}^{760} - (760 - 716{,}25) \cdot \Delta\beta_{20}^{b \pm 1} = 2{,}790 - 43{,}75 \cdot 0{,}0034191 = 2{,}640 \quad \ldots \quad (26)$

Tabelle V

Die Gewichte γ_t^b der trockenen und der feuchten Luft und die Druckäquivalente β_t^b der Temperatur

---

Table V

Les poids γ_t^b de l'air sec et humide et les équivalents barométriques β_t^b de la température

---

Table V

The Weights γ_t^b of Dry and Moist Air and the Pressure Equivalents β_t^b of Temperature

---

Die Tabelle V enthält:	La table V contient:	Table V contains:

1. die Gewichte γ_t^b eines Liter Luft in Milligramm bis auf das Hundertstel des Milligramm
2. die Druckäquivalente β_t^b der Temperatur in Millimeter
bei den Temperaturen $t = -1°$ bis $+36°$ für jeden Grad
bei den Barometerhöhen:
$b = 380$ mm bis 670 mm für jedes 10. Millimeter
$b = 680$ mm bis 790 mm für jedes ganze Millimeter
und zwar
  a) für trockene atmosphärische Luft
  b) für Luft mit 50% relativer Feuchtigkeit.
Für Luft mit anderem Feuchtigkeitsgehalt sind die Tabellenwerte mit Hilfe der in Tabelle VI enthaltenen Korrekturen zu reduzieren.
Die Tabellenwerte γ_t^b und β_t^b gelten bei:
1. $g = 980{,}947$ (Paris) für kohlensäurefreie Luft
2. $g = 980{,}733$ (München) für Luft mit normalem Kohlensäuregehalt.
Für Orte mit anderer Gravitationskonstante sind die Tabellenwerte mit Hilfe der Formeln (29) (30) (31) und (32) zu reduzieren.
Bei den in Tabelle VII aufgeführten Orten (Stationen) sind die nach den genannten Formeln berechneten Reduktionsfaktoren F bereits angegeben. Für diese Stationen sind also die Tabellenwerte mit F zu multiplizieren (33) (34).
	1. les poids γ_t^b d'un litre d'air en milligrammes jusqu'au centième de milligramme
	2. les équivalents barométriques β_t^b de la température en millimètres aux températures $t = -1°$ jusqu'à $+36°$ par degré
	aux pressions barométriques:
	$b = 380$ mm jusqu'à 670 mm de 10 en 10 millimètres
	$b = 680$ mm jusqu'à 790 mm par millimètre
	calculés pour
	  a) l'air atmosphérique sec
	  b) l'air contenant 50% d'humidité relative.
	Pour l'air avec un contenu différent d'humidité, les valeurs de la table doivent être réduites à l'aide des corrections contenues dans la table VI.
	Les valeurs γ_t^b et β_t^b sont valables à
	1. $g = 980{,}947$ (Paris) pour l'air exempt d'acide carbonique
	2. $g = 980{,}733$ (Munich) pour l'air contenant la quantité normale d'acide carbonique.
	Pour les lieux à constante de gravitation différente il faut réduire les valeurs de la table à l'aide des formules (29) (30) (31) et (32).
	Les lieux (stations) de la table VII sont de plus accompagnés des facteurs de réduction F calculés d'après les formules susindiquées. Pour ces stations il faut donc multiplier les valeurs de la table par F (33) (34).
		1. the weights γ_t^b of a liter of air in milligrams exact to the hundredth part of a milligram
		2. the pressure equivalents β_t^b of temperature in millimetres at the temperatures $t = -1°$ to $+36°$ at intervals of single degrees at the air-pressures:
		$b = 380$ mm to 670 mm at intervals of 10 to 10 millimetres
		$b = 680$ mm to 790 mm at intervals of single degrees
		calculated for
		  a) dry atmospheric air
		  b) air containing 50% of relative moisture.
		For air containing another proportion of moisture, the values of the table must be reduced by means of the corrections contained in table VI.
		The values γ_t^b and β_t^b are valid at
		1. $g = 980{,}947$ (Paris) for air free of carbonic acid
		2. $g = 980{,}733$ (Munich) for air with the normal proportion of carbonic acid.
		For places with another constant of gravity, the values of the table are to be reduced with the help of the formulas (29) (30) (31) and (32).
		The places (stations) mentioned in table VII, are already accompanied by the reduction factors F calculated according to the above named formulas. For these stations, the values of the table must therefore be multiplied with F (33) (34).

Formeln zur Berechnung der Tabelle V. / Formules pour le calcul de la table V. / Formulas for the calculation of table V.

Zu dieser Berechnung dienten die Tabellen III und IV und die Formeln (25) und (26).

Pour ce calcul, on s'est servi des tables III et IV et des formules (25) et (26).

For this calculation, the tables III and IV and the formulas (25) and (26) were used.

$$\gamma_t^b = \gamma_t^{760} - (760 - b) \cdot \Delta\gamma_t^{b \pm 1} \quad \ldots \quad (25); \qquad \beta_t^b = \beta_t^{760} - (760 - b) \cdot \Delta\beta_t^{b \pm 1} \quad \ldots \quad (26)$$

Formeln zur Reduktion der Tabellenwerte für Orte mit anderer Gravitationskonstante.	Formules pour la réduction des valeurs de la table à des lieux avec une autre constante de gravité.	Formulas for the reduction of the values of the table to places with another constant of gravity.
a) Für kohlensäurefreie Luft ist:	a) Pour l'air exempt d'acide carbonique:	a) For air free of carbonic acid

$$\gamma_t^b(N) = \gamma_t^b(\text{Tab. V}) \cdot \frac{g(N)}{980{,}947} \quad \ldots (29); \qquad \beta_t^b(N) = \beta_t^b(\text{Tab. V}) \cdot \frac{g(N)}{980{,}947} \quad \ldots (30)$$

b) Für Luft mit normalem Kohlensäuregehalt ist:	b) Pour l'air contenant la quantité normale d'acide carbonique:	b) For air containing the normal proportion of carbonic acid:

$$\gamma_t^b(N) = \gamma_t^b(\text{Tab. V}) \cdot \frac{g(N)}{980{,}733} \quad \ldots (31); \qquad \beta_t^b(N) = \beta_t^b(\text{Tab. V}) \cdot \frac{g(N)}{980{,}733} \quad \ldots (32)$$

Beispiel: | ### Exemple: | ### Example:

Für trockene Luft ohne CO_2 und $g(N) = 981{,}925$ (Petersburg) ist	Pour l'air sec sans CO_2 et $g(N) = 981{,}925$ (Pétersbourg)	For dry air without CO_2 and $g(N) = 981{,}925$ (Petersburgh)

$$\gamma_0^{760}(N = \text{Petersburg}) = 1293{,}21 \cdot \frac{981{,}925}{980{,}947} = 1294{,}50 \text{ mg}$$

Den gleichen Wert ergibt die Rechnung im Beispiel Petersburg (Tabelle VII.)	La même valeur résulte du calcul dans l'exemple Pétersbourg (Table VII).	The same value results from the calculation in the example Petersburgh (Table VII.)

	380 mm				390 mm				400 mm				
	Trockene Luft Air sec Dry air		50% feuchte Luft Air avec 50% d'humidité Air with 50% of moisture		Trockene Luft Air sec Dry air		50% feuchte Luft Air avec 50% d'humidité Air with 50% of moisture		Trockene Luft Air sec Dry air		50% feuchte Luft Air avec 50% d'humidité Air with 50% of moisture		
t°	γ mg	β mm	γ mg	β mm	γ mg	β mm	γ mg	β mm	γ mg	β mm	γ mg	β mm	t°
−1°	648,99		647,62		666,07		664,70		683,14		681,78		−1°
0°	646,60	1,395	645,14	1,454	663,62	1,431	662,16	1,490	680,64	1,468	679,17	1,527	0°
+1°	44,24	1,390	42,67	1,452	61,19	1,426	59,63	1,489	78,15	1,463	76,58	1,525	+1°
2	41,89	1,384	40,22	1,452	58,79	1,421	57,11	1,488	75,68	1,457	74,00	1,524	2
3	39,56	1,379	37,77	1,451	56,39	1,416	54,60	1,487	73,22	1,452	71,43	1,524	3
4	37,25	1,374	35,33	1,450	54,02	1,411	52,10	1,487	70,79	1,447	68,87	1,523	4
5	634,95	1,369	632,90	1,450	651,66	1,406	649,61	1,486	668,37	1,442	666,32	1,522	5
6	32,67	1,365	30,49	1,450	49,32	1,400	47,14	1,486	65,97	1,436	63,78	1,522	6
7	30,41	1,360	28,07	1,451	47,00	1,395	44,66	1,487	63,59	1,431	61,25	1,522	7
8	28,16	1,355	25,67	1,451	44,69	1,390	42,20	1,487	61,22	1,426	58,73	1,523	8
9	25,93	1,350	23,28	1,453	42,40	1,386	39,75	1,488	58,87	1,421	56,22	1,524	9
10	623,71	1,345	620,89	1,454	640,13	1,381	637,30	1,490	656,54	1,416	653,71	1,525	10
11	21,51	1,340	18,50	1,456	37,87	1,376	34,86	1,491	54,23	1,411	51,21	1,526	11
12	19,33	1,336	16,13	1,458	35,63	1,371	32,42	1,493	51,93	1,406	48,72	1,528	12
13	17,16	1,331	13,75	1,460	33,40	1,366	29,99	1,495	49,64	1,401	46,23	1,530	13
14	15,01	1,326	11,38	1,463	31,19	1,361	27,57	1,498	47,37	1,396	43,75	1,533	14
15	612,87	1,322	609,02	1,467	628,99	1,357	625,14	1,502	645,12	1,391	641,27	1,537	15
16	10,74	1,317	06,65	1,471	26,81	1,352	22,72	1,505	42,89	1,387	38,79	1,540	16
17	08,63	1,313	04,29	1,475	24,65	1,347	20,30	1,509	40,67	1,382	36,32	1,544	17
18	06,54	1,308	01,93	1,480	22,50	1,343	17,89	1,515	38,46	1,377	33,85	1,549	18
19	04,46	1,304	599,56	1,484	20,36	1,338	15,47	1,519	36,27	1,372	31,38	1,553	19
20	602,39	1,299	597,20	1,491	618,24	1,333	613,06	1,525	634,09	1,368	628,91	1,559	20
21	00,34	1,295	94,84	1,497	16,14	1,329	10,64	1,531	31,93	1,363	26,43	1,565	21
22	598,30	1,290	92,47	1,503	14,04	1,324	08,22	1,537	29,79	1,358	23,96	1,571	22
23	96,27	1,286	90,10	1,510	11,96	1,320	05,80	1,544	27,66	1,354	21,49	1,578	23
24	94,26	1,282	87,73	1,518	09,90	1,315	03,37	1,552	25,54	1,349	19,01	1,586	24
25	592,26	1,277	585,36	1,527	607,85	1,311	600,94	1,561	623,44	1,345	616,53	1,595	25
26	90,28	1,273	82,97	1,535	05,81	1,307	598,51	1,569	21,35	1,340	14,04	1,602	26
27	88,31	1,269	80,59	1,545	03,79	1,302	96,07	1,579	19,27	1,336	11,55	1,612	27
28	86,35	1,265	78,19	1,555	01,78	1,298	93,62	1,588	17,21	1,331	09,05	1,622	28
29	84,41	1,260	75,79	1,566	599,79	1,294	91,17	1,599	15,16	1,327	06,54	1,632	29
30	582,47	1,256	573,37	1,579	597,80	1,289	588,70	1,612	613,13	1,322	604,03	1,645	30
31	80,56	1,252	70,95	1,590	95,83	1,285	86,22	1,623	11,11	1,318	01,50	1,656	31
32	78,65	1,248	68,51	1,603	93,88	1,281	83,74	1,636	09,10	1,314	598,97	1,669	32
33	76,75	1,244	66,06	1,617	91,93	1,277	81,24	1,649	07,11	1,309	96,42	1,682	33
34	74,87	1,240	63,60	1,631	90,00	1,273	78,73	1,664	05,13	1,305	93,86	1,696	34
35	573,00	1,236	561,13	1,647	588,08	1,268	576,21	1,680	603,16	1,301	591,29	1,713	35
36	571,15		558,64		586,18		573,67		601,21		588,70		36
t°	γ mg	β mm	γ mg	β mm	γ mg	β mm	γ mg	β mm	γ mg	β mm	γ mg	β mm	t°

	410 mm				420 mm				430 mm				
	Trockene Luft Air sec Dry air		50% feuchte Luft Air avec 50% d'humidité Air with 50% of moisture		Trockene Luft Air sec Dry air		50% feuchte Luft Air avec 50% d'humidité Air with 50% of moisture		Trockene Luft Air sec Dry air		50% feuchte Luft Air avec 50% d'humidité Air with 50% of moisture		
t^0	γ mg	β mm	γ mg	β mm	γ mg	β mm	γ mg	β mm	γ mg	β mm	γ mg	β mm	t^0
—1°	700,22		698,85		717,30		715,93		734,38		733,01		—1°
0°	697,65	1,505	696,19	1,564	714,67	1,541	713,20	1,600	731,68	1,578	730,22	1,637	0°
+1°	95,10	1,499	93,53	1,562	12,06	1,536	10,49	1,598	29,01	1,572	27,44	1,635	+1°
2	92,57	1,494	90,89	1,561	09,46	1,530	07,78	1,597	26,35	1,567	24,68	1,634	2
3	90,06	1,488	88,26	1,560	06,89	1,525	05,09	1,596	23,72	1,561	21,92	1,632	3
4	87,56	1,483	85,64	1,559	04,33	1,519	02,41	1,595	21,10	1,555	19,18	1,631	4
5	685,08	1,478	683,03	1,558	701,79	1,514	699,74	1,594	718,50	1,550	716,45	1,630	5
6	82,62	1,472	80,43	1,558	699,27	1,508	97,08	1,594	15,92	1,544	13,73	1,630	6
7	80,18	1,467	77,84	1,558	96,77	1,503	94,43	1,594	13,36	1,539	11,02	1,630	7
8	77,75	1,462	75,26	1,558	94,28	1,497	91,80	1,594	10,82	1,533	08,33	1,630	8
9	75,35	1,457	72,69	1,559	91,82	1,492	89,16	1,595	08,29	1,528	05,64	1,630	9
10	672,96	1,451	670,13	1,560	689,37	1,487	686,54	1,596	705,78	1,522	702,95	1,631	10
11	70,58	1,446	67,57	1,561	86,94	1,482	83,93	1,597	03,29	1,517	00,28	1,632	11
12	68,22	1,441	65,02	1,563	84,52	1,476	81,32	1,599	00,82	1,512	697,62	1,634	12
13	65,88	1,436	62,47	1,565	82,12	1,471	78,71	1,601	698,37	1,506	94,96	1,636	13
14	63,56	1,431	59,94	1,568	79,74	1,466	76,12	1,602	95,93	1,501	92,30	1,637	14
15	661,25	1,426	657,40	1,571	677,38	1,461	673,53	1,606	693,51	1,496	689,66	1,641	15
16	58,96	1,421	54,87	1,575	75,03	1,456	70,94	1,609	91,10	1,491	87,01	1,644	16
17	56,68	1,416	52,34	1,578	72,70	1,451	68,35	1,613	88,72	1,485	84,37	1,648	17
18	54,42	1,411	49,81	1,583	70,38	1,446	65,77	1,618	86,34	1,480	81,73	1,652	18
19	52,18	1,407	47,28	1,587	68,08	1,441	63,19	1,622	83,99	1,475	79,10	1,656	19
20	649,95	1,402	644,76	1,593	665,80	1,436	660,61	1,627	681,65	1,470	676,46	1,662	20
21	47,73	1,397	42,23	1,599	63,53	1,431	58,03	1,633	79,33	1,465	73,83	1,667	21
22	45,53	1,392	39,71	1,605	61,28	1,426	55,45	1,639	77,02	1,460	71,20	1,673	22
23	43,35	1,388	37,18	1,612	59,04	1,421	52,87	1,646	74,73	1,455	68,56	1,679	23
24	41,18	1,383	34,65	1,619	56,82	1,417	50,29	1,653	72,45	1,450	65,93	1,687	24
25	639,02	1,378	632,11	1,628	654,61	1,412	647,70	1,662	670,19	1,445	663,28	1,695	25
26	36,88	1,374	29,57	1,636	52,42	1,407	45,11	1,669	67,95	1,441	60,64	1,703	26
27	34,75	1,369	27,03	1,645	50,24	1,402	42,51	1,679	65,72	1,436	57,99	1,712	27
28	32,64	1,365	24,48	1,655	48,07	1,398	39,91	1,688	63,50	1,431	55,34	1,722	28
29	30,54	1,360	21,92	1,666	45,92	1,393	37,30	1,699	61,30	1,426	52,68	1,732	29
30	628,46	1,355	619,36	1,678	643,79	1,389	634,68	1,711	659,12	1,422	650,01	1,744	30
31	26,39	1,351	16,78	1,689	41,67	1,384	32,06	1,722	56,94	1,417	47,34	1,755	31
32	24,33	1,347	14,19	1,702	39,56	1,379	29,42	1,734	54,79	1,412	44,65	1,767	32
33	22,29	1,342	11,60	1,715	37,47	1,375	26,77	1,748	52,64	1,408	41,95	1,780	33
34	20,26	1,338	08,99	1,729	35,39	1,370	24,12	1,762	50,51	1,403	39,24	1,794	34
35	618,24	1,333	606,37	1,745	633,32	1,366	621,44	1,778	648,40	1,398	636,52	1,810	35
36	616,24		603,73		631,27		618,76		646,30		633,79		36
t^0	γ mg	β mm	γ mg	β mm	γ mg	β mm	γ mg	β mm	γ mg	β mm	γ mg	β mm	t^0

	440 mm				450 mm				460 mm				
	Trockene Luft Air sec Dry air		50% feuchte Luft Air avec 50% d'humidité Air with 50% of moisture		Trockene Luft Air sec Dry air		50% feuchte Luft Air avec 50% d'humidité Air with 50% of moisture		Trockene Luft Air sec Dry air		50% feuchte Luft Air avec 50% d'humidité Air with 50% of moisture		
t^0	γ mg	β mm	γ mg	β mm	γ mg	β mm	γ mg	β mm	γ mg	β mm	γ mg	β mm	t^0
−1°	751,46		750,09		768,54		767,17		785,62		784,25		−1°
0°	748,70	1,615	747,23	1,674	765,72	1,652	764,25	1,711	782,73	1,688	781,27	1,747	0°
+1°	45,96	1,609	44,39	1,671	62,92	1,645	61,35	1,708	79,87	1,682	78,30	1,745	+1°
2	43,25	1,603	41,57	1,670	60,14	1,639	58,46	1,707	77,03	1,676	75,35	1,743	2
3	40,55	1,597	38,75	1,669	57,38	1,634	55,58	1,705	74,21	1,670	72,41	1,741	3
4	37,87	1,591	35,95	1,667	54,64	1,628	52,72	1,704	71,41	1,664	69,49	1,740	4
5	735,21	1,586	733,16	1,666	751,92	1,622	749,87	1,702	768,63	1,658	766,58	1,738	5
6	32,57	1,580	30,38	1,666	49,22	1,616	47,03	1,702	65,87	1,652	63,68	1,738	6
7	29,95	1,574	27,61	1,665	46,54	1,610	44,20	1,701	63,13	1,646	60,79	1,737	7
8	27,35	1,569	24,86	1,665	43,88	1,604	41,39	1,701	60,41	1,640	57,92	1,736	8
9	24,76	1,563	22,11	1,666	41,23	1,599	38,58	1,701	57,71	1,634	55,05	1,737	9
10	722,20	1,558	719,37	1,667	738,61	1,593	735,78	1,702	755,02	1,628	752,20	1,737	10
11	19,65	1,552	16,64	1,667	36,00	1,587	32,99	1,703	52,36	1,623	49,35	1,738	11
12	17,12	1,547	13,91	1,669	33,42	1,582	30,21	1,704	49,71	1,617	46,51	1,739	12
13	14,61	1,541	11,20	1,671	30,85	1,576	27,44	1,706	47,09	1,611	43,68	1,741	13
14	12,11	1,536	08,49	1,672	28,30	1,571	24,67	1,707	44,48	1,606	40,86	1,742	14
15	709,64	1,531	705,78	1,676	725,76	1,565	721,91	1,711	741,89	1,600	738,04	1,745	15
16	07,18	1,525	03,08	1,679	23,25	1,560	19,15	1,713	39,32	1,595	35,23	1,748	16
17	04,73	1,520	00,39	1,682	20,75	1,555	16,40	1,717	36,77	1,589	32,42	1,751	17
18	02,31	1,515	697,69	1,687	18,27	1,549	13,66	1,721	34,23	1,584	29,62	1,756	18
19	699,90	1,510	95,00	1,690	15,80	1,544	10,91	1,725	31,71	1,578	26,82	1,759	19
20	697,50	1,504	692,32	1,696	713,36	1,539	708,17	1,730	729,21	1,573	724,02	1,764	20
21	95,13	1,499	89,63	1,701	10,93	1,533	05,43	1,735	26,72	1,567	21,22	1,769	21
22	92,77	1,494	86,94	1,707	08,51	1,528	02,69	1,741	24,26	1,562	18,43	1,775	22
23	90,42	1,489	84,25	1,713	06,11	1,523	699,94	1,747	21,80	1,557	15,64	1,781	23
24	88,09	1,484	81,56	1,721	03,73	1,518	97,20	1,754	19,37	1,552	12,84	1,788	24
25	685,78	1,479	678,87	1,729	701,37	1,513	694,46	1,763	716,95	1,546	710,04	1,796	25
26	83,48	1,474	76,17	1,736	699,02	1,508	91,71	1,770	14,55	1,541	07,24	1,803	26
27	81,20	1,469	73,48	1,746	96,68	1,503	88,96	1,779	12,16	1,536	04,44	1,812	27
28	78,93	1,464	70,77	1,755	94,36	1,498	86,20	1,788	09,79	1,531	01,63	1,821	28
29	76,68	1,459	68,06	1,765	92,06	1,493	83,44	1,798	07,44	1,526	698,82	1,831	29
30	674,44	1,455	665,34	1,777	689,77	1,488	680,67	1,810	705,10	1,521	696,00	1,843	30
31	72,22	1,450	62,61	1,788	87,50	1,483	77,89	1,821	02,78	1,516	93,17	1,854	31
32	70,01	1,445	59,88	1,800	85,24	1,478	75,10	1,833	00,47	1,511	90,33	1,866	32
33	67,82	1,440	57,13	1,813	83,00	1,473	72,31	1,846	698,18	1,506	87,49	1,879	33
34	65,64	1,436	54,37	1,827	80,77	1,468	69,50	1,860	95,90	1,501	84,63	1,892	34
35	663,48	1,431	651,60	1,843	678,56	1,464	666,68	1,875	693,63	1,496	681,76	1,908	35
36	661,33		648,82		676,36		663,85		691,39		678,88		36
t^0	γ mg	β mm	γ mg	β mm	γ mg	β mm	γ mg	β mm	γ mg	β mm	γ mg	β mm	t^0

	470 mm				480 mm				490 mm				
	Trockene Luft Air sec Dry air		50% feuchte Luft Air avec 50% d'humidité Air with 50% of moisture		Trockene Luft Air sec Dry air		50% feuchte Luft Air avec 50% d'humidité Air with 50% of moisture		Trockene Luft Air sec Dry air		50% feuchte Luft Air avec 50% d'humidité Air with 50% of moisture		
t^0	γ mg	β mm	γ mg	β mm	γ mg	β mm	γ mg	β mm	γ mg	β mm	γ mg	β mm	t^0
−1°	802,69		801,33		819,77		818,40		836,85		835,48		−1°
0°	799,75	1,725	798,28	1,784	816,76	1,762	815,30	1,821	833,78	1,798	832,31	1,857	0°
+1°	96,82	1,719	95,25	1,781	13,78	1,755	12,21	1,818	30,73	1,792	29,16	1,854	+1°
2	93,92	1,712	92,24	1,779	10,81	1,749	09,13	1,816	27,70	1,785	26,03	1,852	2
3	91,04	1,706	89,24	1,778	07,87	1,742	06,07	1,814	24,70	1,779	22,90	1,850	3
4	88,18	1,700	86,26	1,776	04,95	1,736	03,03	1,812	21,72	1,772	19,80	1,848	4
5	785,34	1,694	783,29	1,774	802,05	1,730	800,00	1,810	818,76	1,766	816,71	1,846	5
6	82,52	1,688	80,33	1,773	799,17	1,724	796,98	1,809	15,82	1,760	13,63	1,845	6
7	79,72	1,682	77,38	1,773	96,31	1,717	93,97	1,809	12,90	1,753	10,56	1,844	7
8	76,94	1,676	74,45	1,772	93,47	1,711	90,98	1,808	10,00	1,747	07,51	1,843	8
9	74,18	1,670	71,52	1,772	90,65	1,705	87,99	1,808	07,12	1,741	04,47	1,843	9
10	771,44	1,664	768,61	1,773	787,85	1,699	785,02	1,808	804,26	1,735	801,44	1,844	10
11	68,72	1,658	65,70	1,773	85,07	1,693	82,06	1,808	01,43	1,729	798,41	1,844	11
12	66,01	1,652	62,81	1,774	82,31	1,687	79,11	1,809	798,61	1,722	95,41	1,845	12
13	63,33	1,646	59,92	1,776	79,57	1,681	76,16	1,811	95,81	1,716	92,40	1,846	13
14	60,67	1,641	57,04	1,777	76,85	1,676	73,23	1,812	93,03	1,710	89,41	1,847	14
15	758,02	1,635	754,17	1,780	774,15	1,670	770,30	1,815	790,28	1,704	786,42	1.850	15
16	55,39	1,629	51,30	1,783	71,46	1,664	67,37	1,817	87,54	1,699	83,44	1,852	16
17	52,78	1,624	48,44	1,786	68,80	1,658	64,45	1,820	84,82	1,693	80,47	1,855	17
18	50,19	1,618	45,58	1,790	66,15	1,652	61,54	1,824	82,11	1,687	77,50	1,859	18
19	47,62	1,612	42,72	1,793	63,52	1,647	58,63	1,828	79,43	1,681	74,54	1,862	19
20	745,06	1,607	739,87	1,798	760,91	1,641	755,73	1,833	776,77	1,675	771,58	1,867	20
21	42,52	1,601	37,02	1,804	58,32	1,636	52,82	1,838	74,12	1,670	68,62	1,872	21
22	40,00	1,596	34,18	1,809	55,75	1,630	49,92	1,843	71,49	1,664	65,66	1,877	22
23	37,50	1,591	31,33	1,815	53,19	1,624	47,02	1,849	68,88	1,658	62,71	1,883	23
24	35,01	1,585	28,48	1,822	50,65	1,619	44,12	1,856	66,29	1,653	59,76	1,889	24
25	732,54	1,580	725,63	1,830	748,12	1,614	741,21	1,863	763,71	1,647	756,80	1,897	25
26	30,08	1,575	22,78	1,837	45,62	1,608	38,31	1,870	61,15	1,642	53,84	1,904	26
27	27,65	1,569	19,92	1,846	43,13	1,603	35,40	1,879	58,61	1,636	50,89	1,913	27
28	25,22	1,564	17,06	1,855	40,65	1,597	32,49	1,888	56,08	1,631	47,92	1,921	28
29	22,82	1,559	14,20	1,865	38,20	1,592	29,58	1,898	53,58	1,625	44,96	1,931	29
30	720,43	1,554	711,33	1,876	735,76	1,587	726,65	1,909	751,09	1,620	741,98	1,942	30
31	18,06	1,549	08,45	1,887	33,33	1,582	23,72	1,920	48,61	1,615	39,00	1,953	31
32	15,70	1,544	05,56	1,899	30,92	1,576	20,79	1,932	46,15	1,609	36,01	1,964	32
33	13,35	1,539	02,66	1,911	28,53	1,571	17,84	1,944	43,71	1,604	33,02	1,977	33
34	11,03	1,534	699,76	1,925	26,15	1,566	14,89	1,957	41,28	1,599	30,01	1,990	34
35	708,71	1,529	696,84	1,940	723,79	1,561	711,92	1,973	738,87	1,594	727,00	2,005	35
36	706,42		693,91		721,45		708,94		736,48		723,97		36
t^0	γ mg	β mm	γ mg	β mm	γ mg	β mm	γ mg	β mm	γ mg	β mm	γ mg	β mm	t^0

	500 mm				510 mm				520 mm				
	Trockene Luft Air sec Dry air		50% feuchte Luft Air avec 50% d'humidité Air with 50% of moisture		Trockene Luft Air sec Dry air		50% feuchte Luft Air avec 50% d'humidité Air with 50% of moisture		Trockene Luft Air sec Dry air		50% feuchte Luft Air avec 50% d'humidité Air with 50% of moisture		
t⁰	γ mg	β mm	γ mg	β mm	γ mg	β mm	γ mg	β mm	γ mg	β mm	γ mg	β mm	t⁰
−1⁰	853,93		852,56		871,01		869,64		888,09		886,72		−1⁰
0⁰	850,80	1,835	849,33	1,894	867,81	1,872	866,35	1,931	884,83	1,908	883,36	1,967	0⁰
+1⁰	47,69	1,828	46,12	1,891	64,64	1,865	63,07	1,927	81,59	1,901	80,02	1,964	+1⁰
2	44,60	1,822	42,92	1,889	61,49	1,858	59,81	1,925	78,38	1,895	76,70	1,962	2
3	41,53	1,815	39,74	1,887	58,36	1,851	56,57	1,923	75,19	1,888	73,40	1,959	3
4	38,49	1,808	36,57	1,884	55,26	1,845	53,34	1,921	72,03	1,881	70,11	1,957	4
5	835,47	1,802	833,42	1,882	852,17	1,838	850,12	1,918	868,88	1,874	866,83	1,954	5
6	32,47	1,795	30,28	1,881	49,11	1,831	46,93	1,917	65,76	1,867	63,58	1,953	6
7	29,49	1,789	27,15	1,880	46,08	1,825	43,74	1,916	62,67	1,861	60,33	1,952	7
8	26,53	1,783	24,04	1,879	43,06	1,818	40,57	1,915	59,59	1,854	57,10	1,950	8
9	23,59	1,776	20,94	1,879	40,06	1,812	37,41	1,915	56,54	1,847	53,88	1,950	9
10	820,68	1,770	817,85	1,879	837,09	1,805	834,26	1,914	853,50	1,841	850,68	1,950	10
11	17,78	1,764	14,77	1,879	34,14	1,799	31,13	1,914	50,49	1,834	47,48	1,949	11
12	14,91	1,758	11,70	1,880	31,21	1,793	28,00	1,915	47,50	1,828	44,30	1,950	12
13	12,05	1,751	08,64	1,881	28,29	1,786	24,88	1,916	44,54	1,822	41,13	1,951	13
14	09,22	1,745	05,59	1,882	25,40	1,780	21,78	1,917	41,59	1,815	37,96	1,952	14
15	806,40	1,739	802,55	1,885	822,53	1,774	818,68	1,919	838,66	1,809	834,81	1,954	15
16	03,61	1,733	799,52	1,887	19,68	1,768	15,59	1,921	35,75	1,803	31,66	1,956	16
17	00,83	1,727	96,49	1,889	16,85	1,762	12,50	1,924	32,87	1,796	28,52	1,958	17
18	798,08	1,721	93,46	1,893	14,04	1,756	09,42	1,928	30,00	1,790	25,39	1,962	18
19	95,34	1,715	90,44	1,896	11,24	1,750	06,35	1,930	27,15	1,784	22,26	1,965	19
20	792,62	1,710	787,43	1,901	808,47	1,744	803,28	1,935	824,32	1,778	819,14	1,969	20
21	89,92	1,704	84,42	1,906	05,72	1,738	00,22	1,940	21,51	1,772	16,01	1,974	21
22	87,23	1,698	81,41	1,911	02,98	1,732	797,15	1,945	18,72	1,766	12,90	1,978	22
23	84,57	1,692	78,40	1,916	00,26	1,726	94,09	1,950	15,95	1,760	09,78	1,984	23
24	81,92	1,686	75,40	1,923	797,56	1,720	91,03	1,957	13,20	1,754	06,67	1,991	24
25	779,30	1,681	772,39	1,931	794,88	1,714	787,97	1,964	810,47	1,748	803,56	1,998	25
26	76,68	1,675	69,38	1,937	92,22	1,709	84,91	1,971	07,75	1,742	00,44	2,004	26
27	74,09	1,670	66,37	1,946	89,57	1,703	81,85	1,979	05,06	1,736	797,33	2,013	27
28	71,52	1,664	63,35	1,955	86,95	1,697	78,78	1,988	02,38	1,731	94,21	2,021	28
29	68,96	1,659	60,34	1,964	84,34	1,692	75,71	1,997	799,71	1,725	91,09	2,030	29
30	766,41	1,653	757,31	1,975	781,74	1,686	772,64	2,009	797,07	1,719	787,97	2,042	30
31	63,89	1,648	54,28	1,986	79,17	1,681	69,56	2,019	94,44	1,713	84,83	2,052	31
32	61,38	1,642	51,24	1,997	76,61	1,675	66,47	2,030	91,83	1,708	81,70	2,063	32
33	58,89	1,637	48,20	2,010	74,06	1,670	63,37	2,042	89,24	1,702	78,55	2,075	33
34	56,41	1,631	45,14	2,023	71,54	1,664	60,27	2,055	86,67	1,697	75,40	2,088	34
35	753,95	1,626	742,08	2,038	769,03	1,659	757,16	2,070	784,11	1,691	772,23	2,103	35
36	751,51		739,00		766,54		754,03		781,57		769,06		36
t⁰	γ mg	β mm	γ mg	β mm	γ mg	β mm	γ mg	β mm	γ mg	β mm	γ mg	β mm	t⁰

	530 mm				540 mm				550 mm				
	Trockene Luft Air sec Dry air		50% feuchte Luft Air avec 50% d'humidité Air with 50% of moisture		Trockene Luft Air sec Dry air		50% feuchte Luft Air avec 50% d'humidité Air with 50% of moisture		Trockene Luft Air sec Dry air		50% feuchte Luft Air avec 50% d'humidité Air with 50% of moisture		
t^0	γ mg	β mm	γ mg	β mm	γ mg	β mm	γ mg	β mm	γ mg	β mm	γ mg	β mm	t^0
−1°	905,17		903,80		922,24		920,88		939,32		937,95		−1°
0°	901,84	1,945	900,38	2,004	918,86	1,982	917,39	2,041	935,88	2,019	934,41	2,078	0°
+1°	898,55	1,938	896,98	2,001	15,50	1,975	13,93	2,037	32,45	2,011	30,88	2,074	+1°
2	95,27	1,931	93,59	1,998	12,16	1,967	10,49	2,034	29,06	2,004	27,38	2,071	2
3	92,02	1,924	90,23	1,995	08,85	1,960	07,06	2,032	25,68	1,997	23,89	2,068	3
4	88,80	1,917	86,88	1,993	05,57	1,953	03,65	2,029	22,34	1,989	20,42	2,065	4
5	885,59	1,910	883,54	1,990	902,30	1,946	900,25	2,027	919,01	1,982	916,96	2,063	5
6	82,41	1,903	80,23	1,989	899,06	1,939	896,88	2,025	15,71	1,975	13,52	2,061	6
7	79,26	1,896	76,92	1,987	95,85	1,932	93,51	2,023	12,44	1,968	10,10	2,059	7
8	76,12	1,890	73,63	1,986	92,65	1,925	90,16	2,022	09,18	1,961	06,69	2,057	8
9	73,01	1,883	70,35	1,986	89,48	1,918	86,83	2,021	05,95	1,954	03,30	2,057	9
10	869,92	1,876	867,09	1,985	886,33	1,912	883,50	2,021	902,74	1,947	899,92	2,056	10
11	66,85	1,870	63,84	1,985	83,20	1,905	80,19	2,020	899,56	1,940	96,55	2,055	11
12	63,80	1,863	60,60	1,985	80,10	1,898	76,90	2,020	96,40	1,933	93,19	2,056	12
13	60,78	1,857	57,37	1,986	77,02	1,892	73,61	2,021	93,26	1,927	89,85	2,056	13
14	57,77	1,850	54,15	1,986	73,96	1,885	70,33	2,021	90,14	1,920	86,52	2,056	14
15	854,79	1,844	850,94	1,989	870,92	1,878	867,06	2,024	887,04	1,913	883,19	2,058	15
16	51,82	1,837	47,73	1,990	67,90	1,872	63,80	2,025	83,97	1,907	79,88	2,060	16
17	48,88	1,831	44,54	1,993	64,90	1,865	60,55	2,028	80,92	1,900	76,57	2,062	17
18	45,96	1,825	41,35	1,997	61,92	1,859	57,31	2,031	77,88	1,893	73,27	2,065	18
19	43,06	1,818	38,16	1,999	58,96	1,853	54,07	2,033	74,87	1,887	69,98	2,068	19
20	840,17	1,812	834,99	2,004	856,03	1,846	850,84	2,038	871,88	1,880	866,69	2,072	20
21	37,31	1,806	31,81	2,008	53,11	1,840	47,61	2,042	68,91	1,874	63,41	2,076	21
22	34,47	1,800	28,64	2,012	50,21	1,834	44,39	2,046	65,96	1,868	60,13	2,080	22
23	31,64	1,794	25,48	2,018	47,34	1,828	41,17	2,052	63,03	1,861	56,86	2,086	23
24	28,84	1,788	22,31	2,024	44,48	1,821	37,95	2,058	60,12	1,855	53,59	2,092	24
25	826,05	1,782	819,14	2,032	841,64	1,815	834,73	2,065	857,23	1,849	850,32	2,099	25
26	23,29	1,776	15,98	2,038	38,82	1,809	31,51	2,071	54,35	1,843	47,05	2,105	26
27	20,54	1,770	12,81	2,046	36,02	1,803	28,29	2,080	51,50	1,837	43,78	2,113	27
28	17,81	1,764	09,64	2,054	33,24	1,797	25,07	2,088	48,67	1,830	40,50	2,121	28
29	15,09	1,758	06,47	2,064	30,47	1,791	21,85	2,097	45,85	1,824	37,23	2,130	29
30	812,40	1,752	803,30	2,075	827,73	1,785	818,62	2,108	843,06	1,818	833,95	2,141	30
31	09,72	1,746	00,11	2,085	25,00	1,779	15,39	2,118	40,28	1,812	30,67	2,151	31
32	07,06	1,741	796,93	2,096	22,29	1,774	12,15	2,129	37,52	1,806	27,38	2,161	32
33	04,42	1,735	93,73	2,108	19,60	1,768	08,91	2,140	34,78	1,800	24,09	2,173	33
34	01,80	1,729	90,53	2,121	16,92	1,762	05,66	2,153	32,05	1,795	20,78	2,186	34
35	799,19	1,724	787,31	2,135	814,27	1,756	802,39	2,168	829,35	1,789	817,47	2,200	35
36	796,60		784,09		811,63		799,12		826,66		814,15		36
t^0	γ mg	β mm	γ mg	β mm	γ mg	β mm	γ mg	β mm	γ mg	β mm	γ mg	β mm	t^0

	560 mm				570 mm				580 mm				
	Trockene Luft Air sec Dry air		50% feuchte Luft Air avec 50% d'humidité Air with 50% of moisture		Trockene Luft Air sec Dry air		50% feuchte Luft Air avec 50% d'humidité Air with 50% of moisture		Trockene Luft Air sec Dry air		50% feuchte Luft Air avec 50% d'humidité Air with 50% of moisture		
t^0	γ mg	β mm	γ mg	β mm	γ mg	β mm	γ mg	β mm	γ mg	β mm	γ mg	β mm	t^0
−1°	956,40		955,03		973,48		972,11		990,56		989,19		−1°
0°	952,89	2,055	951,43	2,114	969,91	2,092	968,44	2,151	986,92	2,129	985,46	2,188	0°
+1°	49,41	2,048	47,84	2,110	66,36	2,084	64,79	2,147	83,31	2,121	81,75	2,183	+1°
2	45,95	2,040	44,27	2,107	62,84	2,077	61,16	2,144	79,73	2,113	78,05	2,180	2
3	42,51	2,033	40,72	2,104	59,35	2,069	57,55	2,141	76,18	2,105	74,38	2,177	3
4	39,11	2,025	37,19	2,101	55,88	2,062	53,96	2,138	72,64	2,098	70,73	2,174	4
5	935,72	2,018	933,67	2,099	952,43	2,054	950,38	2,135	969,14	2,090	967,09	2,171	5
6	32,36	2,011	30,17	2,097	49,01	2,047	46,82	2,133	65,66	2,083	63,47	2,169	6
7	29,02	2,004	26,69	2,095	45,61	2,040	43,28	2,131	62,20	2,075	59,87	2,166	7
8	25,71	1,997	23,22	2,093	42,24	2,032	39,75	2,129	58,77	2,068	56,28	2,164	8
9	22,42	1,990	19,77	2,092	38,90	2,025	36,24	2,128	55,37	2,061	52,71	2,163	9
10	919,16	1,982	916,33	2,091	935,57	2,018	932,74	2,127	951,99	2,053	949,16	2,162	10
11	15,92	1,975	12,90	2,091	32,27	2,011	29,26	2,126	48,63	2,046	45,62	2,161	11
12	12,70	1,969	09,49	2,091	28,99	2,004	25,79	2,126	45,29	2,039	42,09	2,161	12
13	09,50	1,962	06,09	2,091	25,74	1,997	22,33	2,126	41,98	2,032	38,57	2,161	13
14	06,32	1,955	02,70	2,091	22,51	1,990	18,89	2,126	38,69	2,025	35,07	2,161	14
15	903,17	1,948	899,32	2,093	919,30	1,983	915,45	2,128	935,43	2,018	931,58	2,163	15
16	00,04	1,941	95,95	2,094	16,11	1,976	12,02	2,129	32,19	2,011	28,09	2,164	16
17	896,93	1,935	92,59	2,097	12,95	1,969	08,60	2,131	28,97	2,004	24,62	2,166	17
18	93,84	1,928	89,23	2,100	09,81	1,962	05,19	2,134	25,77	1,997	21,16	2,169	18
19	90,78	1,921	85,88	2,102	06,68	1,956	01,79	2,136	22,59	1,990	17,70	2,171	19
20	887,73	1,915	882,55	2,106	903,58	1,949	898,40	2,140	919,44	1,983	914,25	2,174	20
21	84,71	1,908	79,21	2,110	00,51	1,942	95,01	2,144	16,30	1,976	10,80	2,178	21
22	81,70	1,902	75,88	2,114	897,45	1,936	91,62	2,148	13,19	1,970	07,37	2,182	22
23	78,72	1,895	72,55	2,119	94,41	1,929	88,24	2,153	10,10	1,963	03,93	2,187	23
24	75,76	1,889	69,23	2,125	91,39	1,923	84,86	2,159	07,03	1,956	00,50	2,193	24
25	872,81	1,883	865,90	2,132	888,40	1,916	881,49	2,166	903,98	1,950	897,07	2,200	25
26	69,89	1,876	62,58	2,138	85,42	1,910	78,11	2,172	00,95	1,943	93,65	2,205	26
27	66,98	1,870	59,26	2,146	82,46	1,903	74,74	2,180	897,95	1,937	90,22	2,213	27
28	64,10	1,864	55,93	2,154	79,53	1,897	71,36	2,188	94,96	1,930	86,79	2,221	28
29	61,23	1,858	52,61	2,163	76,61	1,891	67,99	2,196	91,99	1,924	83,37	2,229	29
30	858,38	1,851	849,28	2,174	873,71	1,884	864,61	2,207	889,04	1,918	879,94	2,240	30
31	55,56	1,845	45,95	2,184	70,83	1,878	61,22	2,217	86,11	1,911	76,50	2,249	31
32	52,75	1,839	42,61	2,194	67,97	1,872	57,84	2,227	83,20	1,905	73,06	2,260	32
33	49,95	1,833	39,26	2,206	65,13	1,866	54,44	2,239	80,31	1,899	69,62	2,271	33
34	47,18	1,827	35,91	2,218	62,31	1,860	51,04	2,251	77,44	1,892	66,17	2,284	34
35	844,43	1,821	832,55	2,233	859,50	1,854	847,63	2,265	874,58	1,886	862,71	2,298	35
36	841,69		829,18		856,72		844,21		871,75		859,24		36
t^0	γ mg	β mm	γ mg	β mm	γ mg	β mm	γ mg	β mm	γ mg	β mm	γ mg	β mm	t^0

	590 mm				600 mm				610 mm				
	Trockene Luft Air sec Dry air		50% feuchte Luft Air avec 50% d'humidité Air with 50% of moisture		Trockene Luft Air sec Dry air		50% feuchte Luft Air avec 50% d'humidité Air with 50% of moisture		Trockene Luft Air sec Dry air		50% feuchte Luft Air avec 50% d'humidité Air with 50% of moisture		
t^0	γ mg	β mm	γ mg	β mm	γ mg	β mm	γ mg	β mm	γ mg	β mm	γ mg	β mm	t^0
—1°	1007,64		1006,27		1024,72		1023,35		1041,79		1040,43		—1°
0°	1003,94	2,165	1002,47	2,224	1020,96	2,202	1019,49	2,261	1037,97	2,239	1036,51	2,298	0°
+1°	1000,27	2,157	998,70	2,220	17,22	2,194	15,65	2,257	34,18	2,231	32,61	2,293	+1°
2	996,62	2,150	94,95	2,217	13,52	2,186	11,84	2,253	30,41	2,222	28,73	2,289	2
3	93,01	2,142	91,21	2,213	09,84	2,178	08,04	2,250	26,67	2,214	24,87	2,286	3
4	89,41	2,134	87,50	2,210	06,18	2,170	04,27	2,246	22,95	2,206	21,04	2,282	4
5	985,85	2,126	983,80	2,207	1002,56	2,162	1000,51	2,243	1019,27	2,198	1017,22	2,279	5
6	82,31	2,119	80,12	2,204	998,96	2,155	996,77	2,240	15,61	2,190	13,42	2,276	6
7	78,79	2,111	76,46	2,202	95,38	2,147	93,05	2,238	11,97	2,183	09,64	2,274	7
8	75,30	2,104	72,81	2,200	91,83	2,139	89,35	2,236	08,37	2,175	05,88	2,271	8
9	71,84	2,096	69,19	2,199	88,31	2,132	85,66	2,234	04,78	2,167	02,13	2,270	9
10	968,40	2,089	965,57	2,198	984,81	2,124	981,99	2,233	1001,23	2,159	998,40	2,268	10
11	64,98	2,081	61,97	2,196	81,34	2,117	78,33	2,232	997,69	2,152	94,68	2,267	11
12	61,59	2,074	58,39	2,196	77,89	2,109	74,69	2,231	94,19	2,144	90,98	2,266	12
13	58,22	2,067	54,81	2,196	74,46	2,102	71,05	2,231	90,70	2,137	87,29	2,266	13
14	54,88	2,060	51,25	2,196	71,06	2,094	67,44	2,231	87,25	2,129	83,62	2,266	14
15	951,56	2,052	947,70	2,198	967,68	2,087	963,83	2,232	983,81	2,122	979,96	2,267	15
16	48,26	2,045	44,17	2,198	64,33	2,080	60,24	2,233	80,40	2,115	76,31	2,268	16
17	44,98	2,038	40,64	2,200	61,00	2,073	56,65	2,235	77,02	2,107	72,67	2,269	17
18	41,73	2,031	37,12	2,203	57,69	2,066	53,08	2,237	73,65	2,100	69,04	2,272	18
19	38,50	2,024	33,61	2,205	54,40	2,058	49,51	2,239	70,31	2,093	65,42	2,274	19
20	935,29	2,017	930,10	2,209	951,14	2,051	945,95	2,243	966,99	2,086	961,81	2,277	20
21	32,10	2,010	26,60	2,212	47,90	2,044	42,40	2,247	63,70	2,079	58,20	2,281	21
22	28,94	2,004	23,11	2,216	44,68	2,038	38,86	2,250	60,43	2,071	54,60	2,284	22
23	25,79	1,997	19,62	2,221	41,48	2,031	35,32	2,255	57,18	2,064	51,01	2,289	23
24	22,67	1,990	16,14	2,227	38,31	2,024	31,78	2,260	53,95	2,058	47,42	2,294	24
25	919,57	1,983	912,66	2,233	935,15	2,017	928,25	2,267	950,74	2,051	943,83	2,300	25
26	16,49	1,977	09,18	2,239	32,02	2,010	24,71	2,272	47,56	2,044	40,25	2,306	26
27	13,43	1,970	05,70	2,247	28,91	2,003	21,19	2,280	44,39	2,037	36,67	2,313	27
28	10,39	1,964	02,22	2,254	25,82	1,997	17,65	2,287	41,25	2,030	33,08	2,321	28
29	07,37	1,957	898,75	2,263	22,75	1,990	14,13	2,296	38,13	2,023	29,51	2,329	29
30	904,37	1,951	895,26	2,273	919,70	1,984	910,59	2,306	935,02	2,017	925,92	2,339	30
31	01,39	1,944	91,78	2,282	16,67	1,977	07,06	2,315	31,94	2,010	22,33	2,348	31
32	898,43	1,938	88,29	2,293	13,66	1,971	03,52	2,326	28,88	2,003	18,75	2,359	32
33	95,49	1,931	84,80	2,304	10,66	1,964	899,97	2,337	25,84	1,997	15,15	2,370	33
34	92,57	1,925	81,30	2,316	07,69	1,958	96,42	2,349	22,82	1,990	11,55	2,382	34
35	889,66	1,919	877,79	2,330	904,74	1,951	892,87	2,363	919,82	1,984	907,95	2,396	35
36	886,78		874,27		901,81		889,30		916,84		904,33		36
t^0	γ mg	β mm	γ mg	β mm	γ mg	β mm	γ mg	β mm	γ mg	β mm	γ mg	β mm	t^0

	620 mm				630 mm				640 mm				
	Trockene Luft Air sec Dry air		50% feuchte Luft Air avec 50% d'humidité Air with 50% of moisture		Trockene Luft Air sec Dry air		50% feuchte Luft Air avec 50% d'humidité Air with 50% of moisture		Trockene Luft Air sec Dry air		50% feuchte Luft Air avec 50% d'humidité Air with 50% of moisture		
t^0	γ mg	β mm	γ mg	β mm	γ mg	β mm	γ mg	β mm	γ mg	β mm	γ mg	β mm	t^0
−1°	1058,87		1057,51		1075,95		1074,58		1093,03		1091,66		−1°
0°	1054,99	2,275	1053,52	2,334	1072,00	2,312	1070,54	2,371	1089,02	2,349	1087,55	2,408	0°
+1°	51,13	2,267	49,56	2,330	68,08	2,304	66,51	2,366	85,04	2,340	83,47	2,403	+1°
2	47,30	2,259	45,62	2,326	64,19	2,295	62,51	2,362	81,08	2,332	79,41	2,399	2
3	43,50	2,251	41,70	2,322	60,33	2,287	58,53	2,358	77,16	2,323	75,36	2,395	3
4	39,72	2,243	37,81	2,318	56,49	2,279	54,58	2,355	73,26	2,315	71,34	2,391	4
5	1035,98	2,234	1033,93	2,315	1052,69	2,270	1050,64	2,351	1069,40	2,307	1067,35	2,387	5
6	32,26	2,226	30,07	2,312	48,91	2,262	46,72	2,348	65,56	2,298	63,37	2,384	6
7	28,56	2,218	26,23	2,310	45,15	2,254	42,82	2,345	61,74	2,290	59,41	2,381	7
8	24,90	2,211	22,41	2,307	41,43	2,246	38,94	2,343	57,96	2,282	55,47	2,378	8
9	21,26	2,203	18,60	2,305	37,73	2,238	35,07	2,341	54,20	2,274	51,54	2,376	9
10	1017,64	2,195	1014,81	2,304	1034,05	2,230	1031,23	2,339	1050,47	2,266	1047,64	2,375	10
11	14,05	2,187	11,04	2,302	30,41	2,222	27,39	2,337	46,76	2,258	43,75	2,373	11
12	10,49	2,179	07,28	2,302	26,78	2,215	23,58	2,337	43,08	2,250	39,88	2,372	12
13	06,95	2,172	03,54	2,301	23,19	2,207	19,78	2,336	39,43	2,242	36,02	2,371	13
14	03,43	2,164	999,81	2,301	19,62	2,199	15,99	2,335	35,80	2,234	32,18	2,370	14
15	999,94	2,157	996,09	2,302	1016,07	2,191	1012,22	2,337	1032,20	2,226	1028,35	2,372	15
16	96,47	2,149	92,38	2,302	12,55	2,184	08,45	2,337	28,62	2,219	24,53	2,372	16
17	93,03	2,142	88,69	2,304	09,05	2,176	04,70	2,338	25,07	2,211	20,72	2,373	17
18	89,61	2,134	85,00	2,306	05,57	2,169	00,96	2,341	21,54	2,203	16,92	2,375	18
19	86,22	2,127	81,33	2,308	02,12	2,161	997,23	2,342	18,03	2,196	13,14	2,376	19
20	982,85	2,120	977,66	2,311	998,70	2,154	993,51	2,345	1014,55	2,188	1009,36	2,380	20
21	79,50	2,113	74,00	2,315	95,30	2,147	89,80	2,349	11,09	2,181	05,59	2,383	21
22	76,17	2,105	70,35	2,318	91,92	2,139	86,09	2,352	07,66	2,173	01,84	2,386	22
23	72,87	2,098	66,70	2,322	88,56	2,132	82,39	2,356	04,25	2,166	998,08	2,390	23
24	69,59	2,091	63,06	2,328	85,22	2,125	78,70	2,362	00,86	2,159	94,33	2,395	24
25	966,33	2,084	959,42	2,334	981,91	2,118	975,00	2,368	997,50	2,151	990,59	2,401	25
26	63,09	2,077	55,78	2,339	78,62	2,111	71,32	2,373	94,16	2,144	86,85	2,406	26
27	59,87	2,070	52,15	2,347	75,36	2,104	67,63	2,380	90,84	2,137	83,11	2,413	27
28	56,68	2,063	48,52	2,354	72,11	2,097	63,95	2,387	87,54	2,130	79,38	2,420	28
29	53,51	2,057	44,88	2,362	68,88	2,090	60,26	2,395	84,26	2,123	75,64	2,428	29
30	950,35	2,050	941,25	2,372	965,68	2,083	956,58	2,405	981,01	2,116	971,91	2,438	30
31	47,22	2,043	37,61	2,381	62,50	2,076	52,89	2,414	77,78	2,109	68,17	2,447	31
32	44,11	2,036	33,97	2,391	59,34	2,069	49,20	2,424	74,57	2,102	64,43	2,457	32
33	41,02	2,030	30,33	2,402	56,20	2,062	45,51	2,435	71,38	2,095	60,69	2,468	33
34	37,95	2,023	26,68	2,414	53,08	2,056	41,81	2,447	68,21	2,088	56,94	2,480	34
35	934,90	2,016	923,03	2,428	949,98	2,049	938,10	2,461	965,06	2,081	953,18	2,493	35
36	931,87		919,36		946,90		934,39		961,93		949,42		36
t^0	γ mg	β mm	γ mg	β mm	γ mg	β mm	γ mg	β mm	γ mg	β mm	γ mg	β mm	t^0

	650 mm				660 mm				670 mm				
	Trockene Luft Air sec Dry air		50% feuchte Luft Air avec 50% d'humidité Air with 50% of moisture		Trockene Luft Air sec Dry air		50% feuchte Luft Air avec 50% d'humidité Air with 50% of moisture		Trockene Luft Air sec Dry air		50% feuchte Luft Air avec 50% d'humidité Air with 50% of moisture		
t^0	γ mg	β mm	γ mg	β mm	γ mg	β mm	γ mg	β mm	γ mg	β mm	γ mg	β mm	t^0
−1°	1110,11		1108,74		1127,19		1125,82		1144,27		1142,90		−1°
0°	1106,03	2,386	1104,57	2,445	1123,05	2,422	1121,59	2,481	1140,07	2,459	1138,60	2,518	0°
+1°	01,99	2,377	00,42	2,439	18,94	2,413	17,38	2,476	35,90	2,450	34,33	2,513	+1°
2	1097,98	2,368	1096,30	2,435	14,87	2,405	13,19	1,472	31,76	2,441	30,08	2,508	2
3	93,99	2,360	92,19	2,431	10,82	2,396	09,03	2,467	27,65	2,432	25,86	2,504	3
4	90,03	2,351	88,11	2,427	06,80	2,387	04,88	2,463	23,57	2,423	21,65	2,499	4
5	1086,10	2,343	1084,05	2,423	1102,81	2,379	1100,76	2,459	1119,52	2,415	1117,47	2,495	5
6	82,20	2,334	80,02	2,420	1098,85	2,370	1096,67	2,456	15,50	2,406	13,32	2,492	6
7	78,33	2,326	76,00	2,417	94,92	2,362	92,59	2,453	11,51	2,397	09,18	2,488	7
8	74,49	2,317	72,00	2,414	91,02	2,353	88,53	2,450	07,55	2,389	05,06	2,485	8
9	70,67	2,309	68,02	2,412	87,14	2,345	84,49	2,447	03,61	2,380	00,96	2,483	9
10	1066,88	2,301	1064,05	2,410	1083,29	2,336	1080,47	2,445	1099,71	2,372	1096,88	2,481	10
11	63,12	2,293	60,11	2,408	79,47	2,328	76,46	2,443	95,83	2,364	92,82	2,479	11
12	59,38	2,285	56,18	2,407	75,68	2,320	72,47	2,442	91,98	2,355	88,77	2,477	12
13	55,67	2,277	52,26	2,406	71,91	2,312	68,50	2,441	88,15	2,347	84,74	2,476	13
14	51,98	2,269	48,36	2,405	68,17	2,304	64,54	2,440	84,35	2,339	80,73	2,475	14
15	1048,32	2,261	1044,47	2,406	1064,45	2,296	1060,60	2,441	1080,58	2,331	1076,73	2,476	15
16	44,69	2,253	40,60	2,406	60,76	2,288	56,67	2,441	76,83	2,323	72,74	2,476	16
17	41,08	2,245	36,74	2,408	57,10	2,280	52,75	2,442	73,12	2,315	68,77	2,477	17
18	37,50	2,238	32,89	2,410	53,46	2,272	48,85	2,444	69,42	2,307	64,81	2,478	18
19	33,94	2,230	29,05	2,411	49,85	2,264	44,95	2,445	65,75	2,299	60,86	2,479	19
20	1030,40	2,222	1025,22	2,414	1046,26	2,257	1041,07	2,448	1062,11	2,291	1056,92	2,482	20
21	26,89	2,215	21,39	2,417	42,69	2,249	37,19	2,451	58,49	2,283	52,99	2,485	21
22	23,41	2,207	17,58	2,420	39,15	2,241	33,32	2,454	54,89	2,275	49,07	2,488	22
23	19,94	2,200	13,77	2,424	35,63	2,234	29,46	2,458	51,32	2,268	45,16	2,492	23
24	16,50	2,192	09,97	2,429	32,14	2,226	25,61	2,463	47,78	2,260	41,25	2,496	24
25	1013,08	2,185	1006,18	2,435	1028,67	2,219	1021,76	2,469	1044,26	2,252	1037,35	2,502	25
26	09,69	2,178	02,38	2,440	25,22	2,211	17,92	2,473	40,76	2,245	33,45	2,507	26
27	06,32	2,170	998,59	2,447	21,80	2,204	14,08	2,480	37,28	2,237	29,56	2,514	27
28	02,97	2,163	94,81	2,454	18,40	2,197	10,24	2,487	33,83	2,230	25,67	2,520	28
29	999,64	2,156	91,02	2,462	15,02	2,189	06,40	2,495	30,40	2,222	21,78	2,528	29
30	996,34	2,149	987,23	2,471	1011,67	2,182	1002,56	2,504	1026,99	2,215	1017,89	2,537	30
31	93,05	2,142	83,45	2,480	08,33	2,175	998,72	2,513	23,61	2,208	14,00	2,546	31
32	89,79	2,135	79,66	2,490	05,02	2,168	94,88	2,523	20,25	2,201	10,11	2,556	32
33	86,55	2,128	75,86	2,501	01,73	2,161	91,04	2,533	16,91	2,193	06,22	2,566	33
34	83,33	2,121	72,07	2,512	998,46	2,154	87,19	2,545	13,59	2,186	02,32	2,577	34
35	980,14	2,114	968,26	2,526	995,22	2,147	983,34	2,558	1010,29	2,179	998,42	2,591	35
36	976,96		964,45		991,99		979,48		1007,02		994,51		36
t^0	γ mg	β mm	γ mg	β mm	γ mg	β mm	γ mg	β mm	γ mg	β mm	γ mg	β mm	t^0

	680 mm				681 mm				682 mm				
	Trockene Luft Air sec Dry air		50% feuchte Luft Air avec 50% d'humidité Air with 50% of moisture		Trockene Luft Air sec Dry air		50% feuchte Luft Air avec 50% d'humidité Air with 50% of moisture		Trockene Luft Air sec Dry air		50% feuchte Luft Air avec 50% d'humidité Air with 50% of moisture		
t°	γ mg	β mm	γ mg	β mm	γ mg	β mm	γ mg	β mm	γ mg	β mm	γ mg	β mm	t°
−1°	1161,34		1159,98		1163,05		1161,68		1164,76		1163,39		−1°
0°	1157,08	2,496	1155,62	2,555	1158,78	2,499	1157,32	2,558	1160,49	2,503	1159,02	2,562	0°
+1°	52,85	2,487	51,28	2,549	54,55	2,490	52,98	2,553	56,24	2,494	54,67	2,556	+1°
2	48,65	2,477	46,97	2,545	50,34	2,481	48,66	2,548	52,03	2,485	50,35	2,552	2
3	44,48	2,468	42,69	2,540	46,16	2,472	44,37	2,544	47,85	2,476	46,05	2,547	3
4	40,34	2,460	38,42	2,535	42,02	2,463	40,10	2,539	43,70	2,467	41,78	2,543	4
5	1136,23	2,451	1134,18	2,531	1137,90	2,454	1135,85	2,535	1139,57	2,458	1137,52	2,538	5
6	32,15	2,442	29,97	2,528	33,82	2,445	31,63	2,531	35,48	2,449	33,30	2,535	6
7	28,10	2,433	25,77	2,524	29,76	2,437	27,42	2,528	31,42	2,440	29,08	2,531	7
8	24,08	2,424	21,59	2,521	25,73	2,428	23,24	2,524	27,39	2,432	24,90	2,528	8
9	20,09	2,416	17,43	2,518	21,73	2,419	19,08	2,522	23,38	2,423	20,73	2,526	9
10	1116,12	2,407	1113,29	2,516	1117,76	2,411	1114,93	2,520	1119,40	2,414	1116,58	2,523	10
11	12,18	2,399	09,17	2,514	13,82	2,402	10,81	2,517	15,45	2,406	12,44	2,521	11
12	08,27	2,390	05,07	2,513	09,90	2,394	06,70	2,516	11,53	2,397	08,33	2,520	12
13	04,39	2,382	00,98	2,511	06,02	2,385	02,61	2,515	07,64	2,389	04,23	2,518	13
14	00,54	2,374	1096,91	2,510	02,16	2,377	1098,53	2,514	03,77	2,381	00,15	2,517	14
15	1096,71	2,365	1092,86	2,511	1098,32	2,369	1094,47	2,514	1099,93	2,372	1096,08	2,518	15
16	92,91	2,357	88,81	2,510	94,51	2,361	90,42	2,514	96,12	2,364	92,03	2,517	16
17	89,13	2,349	84,79	2,511	90,73	2,353	86,39	2,515	92,34	2,356	87,99	2,518	17
18	85,38	2,341	80,77	2,513	86,98	2,344	82,37	2,516	88,57	2,348	83,96	2,520	18
19	81,66	2,333	76,77	2,514	83,25	2,336	78,36	2,517	84,84	2,340	79,95	2,521	19
20	1077,96	2,325	1072,77	2,516	1079,55	2,328	1074,36	2,520	1081,13	2,332	1075,94	2,523	20
21	74,29	2,317	68,79	2,519	75,87	2,320	70,37	2,523	77,45	2,324	71,95	2,526	21
22	70,64	2,309	64,81	2,522	72,21	2,313	66,39	2,525	73,79	2,316	67,96	2,529	22
23	67,02	2,301	60,85	2,526	68,58	2,305	62,42	2,529	70,15	2,308	63,98	2,532	23
24	63,42	2,294	56,89	2,530	64,98	2,297	58,45	2,534	66,54	2,300	60,02	2,537	24
25	1059,84	2,286	1052,93	2,536	1061,40	2,289	1054,49	2,539	1062,96	2,293	1056,05	2,543	25
26	56,29	2,278	48,98	2,540	57,84	2,282	50,54	2,544	59,40	2,285	52,09	2,547	26
27	52,76	2,271	45,04	2,547	54,31	2,274	46,59	2,550	55,86	2,277	48,14	2,554	27
28	49,26	2,263	41,10	2,554	50,80	2,266	42,64	2,557	52,35	2,270	44,18	2,560	28
29	45,78	2,256	37,16	2,561	47,32	2,259	38,70	2,564	48,86	2,262	40,24	2,568	29
30	1042,32	2,248	1033,22	2,571	1043,86	2,251	1034,75	2,574	1045,39	2,255	1036,29	2,577	30
31	38,89	2,241	29,28	2,579	40,42	2,244	30,81	2,582	41,94	2,247	32,33	2,586	31
32	35,48	2,233	25,34	2,588	37,00	2,237	26,86	2,592	38,52	2,240	28,38	2,595	32
33	32,09	2,226	21,40	2,599	33,60	2,229	22,91	2,602	35,12	2,233	24,43	2,605	33
34	28,72	2,219	17,45	2,610	30,23	2,222	18,96	2,613	31,74	2,225	20,48	2,617	34
35	1025,37	2,212	1013,50	2,623	1026,88	2,215	1015,01	2,626	1028,39	2,218	1016,51	2,630	35
36	1022,05		1009,54		1023,55		1011,04		1025,06		1012,55		36
t°	γ mg	β mm	γ mg	β mm	γ mg	β mm	γ mg	β mm	γ mg	β mm	γ mg	β mm	t°

	683 mm				684 mm				685 mm				
	Trockene Luft Air sec Dry air		50% feuchte Luft Air avec 50% d'humidité Air with 50% of moisture		Trockene Luft Air sec Dry air		50% feuchte Luft Air avec 50% d'humidité Air with 50% of moisture		Trockene Luft Air sec Dry air		50% feuchte Luft Air avec 50% d'humidité Air with 50% of moisture		
t^0	γ mg	β mm	γ mg	β mm	γ mg	β mm	γ mg	β mm	γ mg	β mm	γ mg	β mm	t^0
−1°	1166,47		1165,10		1168,18		1166,81		1169,88		1168,52		−1°
0°	1162,19	2,507	1160,72	2,566	1163,89	2,510	1162,42	2,569	1165,59	2,514	1164,12	2,573	0°
+1°	57,94	2,497	56,37	2,560	59,63	2,501	58,06	2,564	61,33	2,505	59,76	2,567	+1°
2	53,72	2,488	52,04	2,555	55,41	2,492	53,73	2,559	57,10	2,496	55,42	2,563	2
3	49,53	2,479	47,74	2,551	51,21	2,483	49,42	2,554	52,90	2,487	51,10	2,558	3
4	45,37	2,470	43,45	2,546	47,05	2,474	45,13	2,550	48,73	2,478	46,81	2,554	4
5	1141,25	2,461	1139,20	2,542	1142,92	2,465	1140,87	2,545	1144,59	2,469	1142,54	2,549	5
6	37,15	2,453	34,96	2,538	38,81	2,456	36,63	2,542	40,48	2,460	38,29	2,546	6
7	33,08	2,444	30,74	2,535	34,74	2,447	32,40	2,539	36,40	2,451	34,06	2,542	7
8	29,04	2,435	26,55	2,532	30,69	2,439	28,20	2,535	32,34	2,442	29,86	2,539	8
9	25,03	2,426	22,37	2,529	26,67	2,430	24,02	2,533	28,32	2,434	25,67	2,536	9
10	1121,05	2,418	1118,22	2,527	1122,69	2,421	1119,86	2,530	1124,33	2,425	1121,50	2,534	10
11	17,09	2,409	14,08	2,524	18,73	2,413	15,71	2,528	20,36	2,416	17,35	2,531	11
12	13,16	2,401	09,96	2,523	14,79	2,404	11,59	2,527	16,42	2,408	13,22	2,530	12
13	09,26	2,392	05,85	2,522	10,89	2,396	07,48	2,525	12,51	2,400	09,10	2,529	13
14	05,39	2,384	01,77	2,520	07,01	2,388	03,39	2,524	08,63	2,391	05,01	2,527	14
15	1101,55	2,376	1097,70	2,521	1103,16	2,379	1099,31	2,525	1104,77	2,383	1100,92	2,528	15
16	1097,73	2,368	93,64	2,521	1099,34	2,371	95,24	2,524	00,94	2,375	1096,85	2,528	16
17	93,94	2,359	89,59	2,522	95,54	2,363	91,19	2,525	1097,14	2,366	92,80	2,528	17
18	90,17	2,351	85,56	2,523	91,77	2,355	87,15	2,527	93,36	2,358	88,75	2,530	18
19	86,43	2,343	81,54	2,524	88,02	2,347	83,13	2,527	89,61	2,350	84,72	2,531	19
20	1082,72	2,335	1077,53	2,527	1084,30	2,339	1079,11	2,530	1085,89	2,342	1080,70	2,533	20
21	79,03	2,327	73,53	2,529	80,61	2,331	75,11	2,533	82,19	2,334	76,69	2,536	21
22	75,36	2,319	69,54	2,532	76,94	2,323	71,11	2,535	78,51	2,326	72,69	2,539	22
23	71,72	2,312	65,55	2,536	73,29	2,315	67,12	2,539	74,86	2,318	68,69	2,542	23
24	68,11	2,304	61,58	2,540	69,67	2,307	63,14	2,544	71,24	2,310	64,71	2,547	24
25	1064,52	2,296	1057,61	2,546	1066,08	2,299	1059,17	2,549	1067,64	2,303	1060,73	2,553	25
26	60,95	2,288	53,64	2,551	62,50	2,292	55,20	2,554	64,06	2,295	56,75	2,557	26
27	57,41	2,281	49,68	2,557	58,96	2,284	51,23	2,560	60,51	2,287	52,78	2,564	27
28	53,89	2,273	45,73	2,564	55,43	2,276	47,27	2,567	56,98	2,280	48,81	2,570	28
29	50,39	2,266	41,77	2,571	51,93	2,269	43,31	2,574	53,47	2,272	44,85	2,578	29
30	1046,92	2,258	1037,82	2,580	1048,45	2,261	1039,35	2,584	1049,99	2,265	1040,88	2,587	30
31	43,47	2,251	33,86	2,589	45,00	2,254	35,39	2,592	46,53	2,257	36,92	2,595	31
32	40,04	2,243	29,91	2,598	41,57	2,246	31,43	2,602	43,09	2,250	32,95	2,605	32
33	36,64	2,236	25,95	2,609	38,16	2,239	27,47	2,612	39,68	2,242	28,99	2,615	33
34	33,26	2,229	21,99	2,620	34,77	2,232	23,50	2,623	36,28	2,235	25,01	2,626	34
35	1029,90	2,221	1018,02	2,633	1031,41	2,225	1019,53	2,636	1032,91	2,228	1021,04	2,639	35
36	1026,56		1014,05		1028,06		1015,55		1029,56		1017,05		36
t^0	γ mg	β mm	γ mg	β mm	γ mg	β mm	γ mg	β mm	γ mg	β mm	γ mg	β mm	t^0

	686 mm				687 mm				688 mm				
	Trockene Luft Air sec Dry air		50% feuchte Luft Air avec 50% d'humidité Air with 50% of moisture		Trockene Luft Air sec Dry air		50% feuchte Luft Air avec 50% d'humidité Air with 50% of moisture		Trockene Luft Air sec Dry air		50% feuchte Luft Air avec 50% d'humidité Air with 50% of moisture		
t°	γ mg	β mm	γ mg	β mm	γ mg	β mm	γ mg	β mm	γ mg	β mm	γ mg	β mm	t°
−1°	1171,59		1170,22		1173,30		1171,93		1175,01		1173,64		−1°
0°	1167,29	2,518	1165,83	2,577	1168,99	2,521	1167,53	2,580	1170,70	2,525	1169,23	2,584	0°
+1°	63,02	2,508	61,45	2,571	64,72	2,512	63,15	2,575	66,41	2,516	64,85	2,578	+1°
2	58,79	2,499	57,11	2,566	60,48	2,503	58,80	2,570	62,17	2,507	60,49	2,574	2
3	54,58	2,490	52,78	2,562	56,26	2,494	54,47	2,565	57,95	2,497	56,15	2,569	3
4	50,40	2,481	48,49	2,557	52,08	2,485	50,16	2,561	53,76	2,488	51,84	2,564	4
5	1146,26	2,472	1144,21	2,553	1147,93	2,476	1145,88	2,556	1149,60	2,479	1147,55	2,560	5
6	42,14	2,463	39,95	2,549	43,81	2,467	41,62	2,553	45,47	2,471	43,28	2,556	6
7	38,06	2,455	35,72	2,546	39,71	2,458	37,38	2,549	41,37	2,462	39,04	2,553	7
8	34,00	2,446	31,51	2,542	35,65	2,449	33,16	2,546	37,30	2,453	34,81	2,549	8
9	29,97	2,437	27,31	2,540	31,62	2,441	28,96	2,543	33,26	2,444	30,61	2,547	9
10	1125,97	2,429	1123,14	2,537	1127,61	2,432	1124,78	2,541	1129,25	2,436	1126,42	2,544	10
11	22,00	2,420	18,99	2,535	23,63	2,423	20,62	2,539	25,27	2,427	22,26	2,542	11
12	18,05	2,411	14,85	2,534	19,68	2,415	16,48	2,537	21,31	2,418	18,11	2,541	12
13	14,14	2,403	10,73	2,532	15,76	2,407	12,35	2,536	17,38	2,410	13,97	2,539	13
14	10,25	2,395	06,62	2,531	11,87	2,398	08,24	2,534	13,48	2,402	09,86	2,538	14
15	1106,39	2,386	1102,53	2,532	1108,00	2,390	1104,15	2,535	1109,61	2,393	1105,76	2,539	15
16	02,55	2,378	1098,46	2,531	04,16	2,381	00,07	2,535	05,76	2,385	01,67	2,538	16
17	1098,74	2,370	94,40	2,532	00,34	2,373	1096,00	2,535	01,95	2,377	1097,60	2,539	17
18	94,96	2,362	90,35	2,534	96,56	2,365	91,94	2,537	1098,15	2,369	93,54	2,540	18
19	91,20	2,354	86,31	2,534	92,79	2,357	87,90	2,538	94,38	2,360	89,49	2,541	19
20	1087,47	2,345	1082,28	2,537	1089,06	2,349	1083,87	2,540	1090,64	2,352	1085,46	2,544	20
21	83,77	2,337	78,27	2,540	85,35	2,341	79,85	2,543	86,93	2,344	81,43	2,546	21
22	80,09	2,330	74,26	2,542	81,66	2,333	75,84	2,546	83,23	2,336	77,41	2,549	22
23	76,43	2,322	70,26	2,546	78,00	2,325	71,83	2,549	79,57	2,328	73,40	2,553	23
24	72,80	2,314	66,27	2,550	74,36	2,317	67,83	2,554	75,93	2,321	69,40	2,557	24
25	1069,19	2,306	1062,28	2,556	1070,75	2,309	1063,84	2,559	1072,31	2,313	1065,40	2,563	25
26	65,61	2,298	58,30	2,561	67,16	2,302	59,86	2,564	68,72	2,305	61,41	2,567	26
27	62,05	2,291	54,33	2,567	63,60	2,294	55,88	2,570	65,15	2,297	57,43	2,574	27
28	58,52	2,283	50,36	2,574	60,06	2,286	51,90	2,577	61,60	2,290	53,44	2,580	28
29	55,01	2,275	46,39	2,581	56,55	2,279	47,93	2,584	58,08	2,282	49,46	2,588	29
30	1051,52	2,268	1042,42	2,590	1053,05	2,271	1043,95	2,594	1054,59	2,275	1045,48	2,597	30
31	48,05	2,260	38,45	2,599	49,58	2,264	39,97	2,602	51,11	2,267	41,50	2,605	31
32	44,61	2,253	34,48	2,608	46,14	2,256	36,00	2,611	47,66	2,260	37,52	2,615	32
33	41,19	2,246	30,50	2,618	42,71	2,249	32,02	2,622	44,23	2,252	33,54	2,625	33
34	37,80	2,238	26,53	2,630	39,31	2,242	28,04	2,633	40,82	2,245	29,55	2,636	34
35	1034,42	2,231	1022,55	2,643	1035,93	2,234	1024,05	2,646	1037,44	2,238	1025,56	2,649	35
36	1031,07		1018,56		1032,57		1020,06		1034,07		1021,56		36
t°	γ mg	β mm	γ mg	β mm	γ mg	β mm	γ mg	β mm	γ mg	β mm	γ mg	β mm	t°

	689 mm				690 mm				691 mm				
	Trockene Luft Air sec Dry air		50% feuchte Luft Air avec 50% d'humidité Air with 50% of moisture		Trockene Luft Air sec Dry air		50% feuchte Luft Air avec 50% d'humidité Air with 50% of moisture		Trockene Luft Air sec Dry air		50% feuchte Luft Air avec 50% d'humidité Air with 50% of moisture		
t^0	γ mg	β mm	γ mg	β mm	γ mg	β mm	γ mg	β mm	γ mg	β mm	γ mg	β mm	t^0
−1°	1176,72		1175,35		1178,42		1177,06		1180,13		1178,76		−1°
0°	1172,40	2,529	1170,93	2,588	1174,10	2,532	1172,63	2,591	1175,80	2,536	1174,33	2,595	0°
+1°	68,11	2,519	66,54	2,582	69,81	2,523	68,24	2,586	71,50	2,527	69,93	2,589	+1°
2	63,85	2,510	62,18	2,577	65,54	2,514	63,87	2,581	67,23	2,518	65,55	2,585	2
3	59,63	2,501	57,83	2,573	61,31	2,505	59,52	2,576	63,00	2,508	61,20	2,580	3
4	55,44	2,492	53,52	2,568	57,11	2,496	55,19	2,572	58,79	2,499	56,87	2,575	4
5	1151,27	2,483	1149,22	2,563	1152,94	2,487	1150,89	2,567	1154,61	2,490	1152,56	2,571	5
6	47,14	2,474	44,95	2,560	48,80	2,478	46,61	2,564	50,47	2,481	48,28	2,567	6
7	43,03	2,465	40,70	2,556	44,69	2,469	42,36	2,560	46,35	2,472	44,01	2,564	7
8	38,96	2,457	36,47	2,553	40,61	2,460	38,12	2,557	42,26	2,464	39,77	2,560	8
9	34,91	2,448	32,26	2,550	36,56	2,451	33,90	2,554	38,21	2,455	35,55	2,558	9
10	1130,89	2,439	1128,07	2,548	1132,53	2,443	1129,71	2,552	1134,18	2,446	1131,35	2,555	10
11	26,90	2,431	23,89	2,546	28,54	2,434	25,53	2,549	30,17	2,438	27,16	2,553	11
12	22,94	2,422	19,74	2,544	24,57	2,426	21,37	2,548	26,20	2,429	23,00	2,551	12
13	19,01	2,414	15,60	2,543	20,63	2,417	17,22	2,546	22,26	2,421	18,85	2,550	13
14	15,10	2,405	11,48	2,541	16,72	2,409	13,10	2,545	18,34	2,412	14,72	2,548	14
15	1111,22	2,397	1107,37	2,542	1112,84	2,400	1108,99	2,545	1114,45	2,404	1110,60	2,549	15
16	07,37	2,388	03,28	2,542	08,98	2,392	04,89	2,545	10,59	2,395	06,49	2,549	16
17	03,55	2,380	1099,20	2,542	05,15	2,384	00,80	2,546	06,75	2,387	02,41	2,549	17
18	1099,75	2,372	95,14	2,544	01,34	2,375	1096,73	2,547	02,94	2,379	1098,33	2,551	18
19	95,97	2,364	91,08	2,545	1097,57	2,367	92,67	2,548	1099,16	2,371	94,26	2,551	19
20	1092,23	2,356	1087,04	2,547	1093,81	2,359	1088,63	2,551	1095,40	2,363	1090,21	2,554	20
21	88,51	2,348	83,01	2,550	90,09	2,351	84,59	2,553	91,67	2,355	86,17	2,557	21
22	84,81	2,340	78,98	2,552	86,38	2,343	80,56	2,556	87,96	2,347	82,13	2,559	22
23	81,14	2,332	74,97	2,556	82,71	2,335	76,54	2,559	84,28	2,339	78,11	2,563	23
24	77,49	2,324	70,96	2,561	79,06	2,327	72,53	2,564	80,62	2,331	74,09	2,567	24
25	1073,87	2,316	1066,96	2,566	1075,43	2,320	1068,52	2,569	1076,99	2,323	1070,08	2,573	25
26	70,27	2,308	62,96	2,571	71,83	2,312	64,52	2,574	73,38	2,315	66,07	2,577	26
27	66,70	2,301	58,97	2,577	68,25	2,304	60,52	2,580	69,79	2,307	62,07	2,584	27
28	63,15	2,293	54,98	2,584	64,69	2,296	56,53	2,587	66,23	2,300	58,07	2,590	28
29	59,62	2,285	51,00	2,591	61,16	2,289	52,54	2,594	62,70	2,292	54,08	2,598	29
30	1056,12	2,278	1047,01	2,600	1057,65	2,281	1048,55	2,604	1059,18	2,284	1050,08	2,607	30
31	52,64	2,270	43,03	2,609	54,17	2,274	44,56	2,612	55,69	2,277	46,08	2,615	31
32	49,18	2,263	39,04	2,618	50,70	2,266	40,57	2,621	52,23	2,269	42,09	2,625	32
33	45,75	2,255	35,06	2,628	47,26	2,259	36,57	2,631	48,78	2,262	38,09	2,635	33
34	42,33	2,248	31,07	2,639	43,85	2,251	32,58	2,643	45,36	2,255	34,09	2,646	34
35	1038,94	2,241	1027,07	2,652	1040,45	2,244	1028,58	2,656	1041,96	2,247	1030,09	2,659	35
36	1035,58		1023,07		1037,08		1024,57		1038,58		1026,07		36
t^0	γ mg	β mm	γ mg	β mm	γ mg	β mm	γ mg	β mm	γ mg	β mm	γ mg	β mm	t^0

	692 mm				693 mm				694 mm				
	Trockene Luft Air sec Dry air		50% feuchte Luft Air avec 50% d'humidité Air with 50% of moisture		Trockene Luft Air sec Dry air		50% feuchte Luft Air avec 50% d'humidité Air with 50% of moisture		Trockene Luft Air sec Dry air		50% feuchte Luft Air avec 50% d'humidité Air with 50% of moisture		
t°	γ mg	β mm	γ mg	β mm	γ mg	β mm	γ mg	β mm	γ mg	β mm	γ mg	β mm	t°
—1°	1181,84		1180,47		1183,55		1182,18		1185,25		1183,89		—1°
0°	1177,50	2,540	1176,04	2,599	1179,20	2,543	1177,74	2,602	1180,90	2,547	1179,44	2,606	0°
+1°	73,20	2,530	71,63	2,593	74,89	2,534	73,32	2,597	76,59	2,538	75,02	2,600	+1°
2	68,92	2,521	67,24	2,588	70,61	2,525	68,93	2,592	72,30	2,528	70,62	2,596	2
3	64,68	2,512	62,88	2,584	66,36	2,516	64,57	2,587	68,04	2,519	66,25	2,591	3
4	60,47	2,503	58,55	2,579	62,14	2,507	60,22	2,583	63,82	2,510	61,90	2,586	4
5	1156,28	2,494	1154,23	2,574	1157,95	2,498	1155,90	2,578	1159,63	2,501	1157,58	2,582	5
6	52,13	2,485	49,94	2,571	53,80	2,489	51,61	2,574	55,46	2,492	53,27	2,578	6
7	48,01	2,476	45,67	2,567	49,67	2,480	47,33	2,571	51,33	2,483	48,99	2,574	7
8	43,92	2,467	41,43	2,564	45,57	2,471	43,08	2,567	47,22	2,474	44,73	2,571	8
9	39,85	2,458	37,20	2,561	41,50	2,462	38,85	2,565	43,15	2,466	40,49	2,568	9
10	1135,82	2,450	1132,99	2,559	1137,46	2,453	1134,63	2,562	1139,10	2,457	1136,27	2,566	10
11	31,81	2,441	28,80	2,556	33,45	2,445	30,43	2,560	35,08	2,448	32,07	2,563	11
12	27,83	2,433	24,63	2,555	29,46	2,436	26,26	2,558	31,09	2,440	27,89	2,562	12
13	23,88	2,424	20,47	2,553	25,51	2,428	22,10	2,557	27,13	2,431	23,72	2,560	13
14	19,96	2,416	16,33	2,552	21,58	2,419	17,95	2,555	23,20	2,423	19,57	2,559	14
15	1116,06	2,407	1112,21	2,552	1117,68	2,411	1113,82	2,556	1119,29	2,414	1115,44	2,559	15
16	12,19	2,399	08,10	2,552	13,80	2,402	09,71	2,556	15,41	2,406	11,32	2,559	16
17	08,35	2,391	04,01	2,553	09,95	2,394	05,61	2,556	11,56	2,397	07,21	2,560	17
18	04,54	2,382	99,92	2,554	06,13	2,386	01,52	2,558	07,73	2,389	03,12	2,561	18
19	00,75	2,374	95,85	2,555	02,34	2,378	1097,44	2,558	03,93	2,381	1099,04	2,562	19
20	1096,98	2,366	1091,80	2,557	1098,57	2,369	1093,38	2,561	1100,15	2,373	1094,97	2,564	20
21	93,25	2,358	87,75	2,560	94,83	2,361	89,33	2,563	1096,41	2,365	90,91	2,567	21
22	89,53	2,350	83,71	2,563	91,11	2,353	85,28	2,566	92,68	2,357	86,86	2,569	22
23	85,85	2,342	79,68	2,566	87,41	2,345	81,25	2,570	88,98	2,349	82,81	2,573	23
24	82,18	2,334	75,65	2,571	83,75	2,337	77,22	2,574	85,31	2,341	78,78	2,577	24
25	1078,55	2,326	1071,64	2,576	1080,10	2,330	1073,19	2,579	1081,66	2,333	1074,75	2,583	25
26	74,93	2,318	67,62	2,581	76,49	2,322	69,18	2,584	78,04	2,325	70,73	2,587	26
27	71,34	2,311	63,62	2,587	72,89	2,314	65,17	2,590	74,44	2,317	66,71	2,594	27
28	67,78	2,303	59,61	2,594	69,32	2,306	61,16	2,597	70,86	2,310	62,70	2,600	28
29	64,24	2,295	55,61	2,601	65,77	2,299	57,15	2,604	67,31	2,302	58,69	2,608	29
30	1060,72	2,288	1051,61	2,610	1062,25	2,291	1053,15	2,614	1063,78	2,294	1054,68	2,617	30
31	57,22	2,280	47,61	2,619	58,75	2,284	49,14	2,622	60,28	2,287	50,67	2,625	31
32	53,75	2,273	43,61	2,628	55,27	2,276	45,13	2,631	56,79	2,279	46,66	2,634	32
33	50,30	2,265	39,61	2,638	51,82	2,269	41,13	2,641	53,34	2,272	42,65	2,645	33
34	46,87	2,258	35,60	2,649	48,39	2,261	37,12	2,652	49,90	2,264	38,63	2,656	34
35	1043,47	2,251	1031,59	2,662	1044,98	2,254	1033,10	2,665	1046,48	2,257	1034,61	2,669	35
36	1040,09		1027,58		1041,59		1029,08		1043,09		1030,58		36
t°	γ mg	β mm	γ mg	β mm	γ mg	β mm	γ mg	β mm	γ mg	β mm	γ mg	β mm	t°

	695 mm				696 mm				697 mm				
	Trockene Luft Air sec Dry air		50% feuchte Luft Air avec 50% d'humidité Air with 50% of moisture		Trockene Luft Air sec Dry air		50% feuchte Luft Air avec 50% d'humidité Air with 50% of moisture		Trockene Luft Air sec Dry air		50% feuchte Luft Air avec 50% d'humidité Air with 50% of moisture		
t°	γ mg	β mm	γ mg	β mm	γ mg	β mm	γ mg	β mm	γ mg	β mm	γ mg	β mm	t°
−1°	1186,96		1185,59		1188,67		1187,30		1190,38		1189,01		−1°
0°	1182,61	2,551	1181,14	2,610	1184,31	2,554	1182,84	2,613	1186,01	2,558	1184,54	2,617	0°
+1°	78,28	2,541	76,71	2,604	79,98	2,545	78,41	2,608	81,67	2,549	80,10	2,611	+1°
2	73,99	2,532	72,31	2,599	75,68	2,536	74,00	2,603	77,37	2,539	75,69	2,606	2
3	69,73	2,523	67,93	2,594	71,41	2,527	69,62	2,598	73,09	2,530	71,30	2,602	3
4	65,50	2,514	63,58	2,590	67,17	2,517	65,26	2,593	68,85	2,521	66,93	2,597	4
5	1161,30	2,505	1159,25	2,585	1162,97	2,508	1160,92	2,589	1164,64	2,512	1162,59	2,592	5
6	57,13	2,496	54,94	2,581	58,79	2,499	56,60	2,585	60,46	2,503	58,27	2,589	6
7	52,99	2,487	50,65	2,578	54,65	2,490	52,31	2,581	56,30	2,494	53,97	2,585	7
8	48,88	2,478	46,39	2,574	50,53	2,481	48,04	2,578	52,18	2,485	49,69	2,581	8
9	44,79	2,469	42,14	2,572	46,44	2,473	43,79	2,575	48,09	2,476	45,43	2,579	9
10	1140,74	2,460	1137,91	2,569	1142,38	2,464	1139,56	2,573	1144,02	2,467	1141,20	2,576	10
11	36,72	2,452	33,71	2,567	38,35	2,455	35,34	2,570	39,99	2,459	36,98	2,574	11
12	32,72	2,443	29,52	2,565	34,35	2,447	31,15	2,569	35,98	2,450	32,78	2,572	12
13	28,75	2,435	25,34	2,564	30,38	2,438	26,97	2,567	32,00	2,442	28,59	2,571	13
14	24,81	2,426	21,19	2,562	26,43	2,430	22,81	2,566	28,05	2,433	24,43	2,569	14
15	1120,90	2,418	1117,05	2,563	1122,51	2,421	1118,66	2,566	1124,13	2,425	1120,28	2,570	15
16	17,02	2,409	12,92	2,562	18,62	2,413	14,53	2,566	20,23	2,416	16,14	2,569	16
17	13,16	2,401	08,81	2,563	14,76	2,404	10,41	2,566	16,36	2,408	12,02	2,570	17
18	09,32	2,393	04,71	2,565	10,92	2,396	06,31	2,568	12,52	2,400	07,90	2,571	18
19	05,52	2,384	00,63	2,565	07,11	2,388	02,22	2,569	08,70	2,391	03,81	2,572	19
20	1101,74	2,376	1096,55	2,568	1103,32	2,380	1098,14	2,571	1104,91	2,383	1099,72	2,575	20
21	1097,98	2,368	92,49	2,570	1099,56	2,372	94,06	2,574	01,14	2,375	95,64	2,577	21
22	94,26	2,360	88,43	2,573	95,83	2,364	90,01	2,576	1097,41	2,367	91,58	2,580	22
23	90,55	2,352	84,38	2,576	92,12	2,356	85,95	2,580	93,69	2,359	87,52	2,583	23
24	86,87	2,344	80,35	2,581	88,44	2,348	81,91	2,584	90,00	2,351	83,47	2,588	24
25	1083,22	2,336	1076,31	2,586	1084,78	2,340	1077,87	2,590	1086,34	2,343	1079,43	2,593	25
26	79,59	2,328	72,28	2,591	81,15	2,332	73,84	2,594	82,70	2,335	75,39	2,597	26
27	75,99	2,321	68,26	2,597	77,54	2,324	69,81	2,600	79,08	2,327	71,36	2,604	27
28	72,41	2,313	64,24	2,604	73,95	2,316	65,79	2,607	75,49	2,320	67,33	2,610	28
29	68,85	2,305	60,23	2,611	70,39	2,309	61,77	2,614	71,92	2,312	63,30	2,618	29
30	1065,32	2,298	1056,21	2,620	1066,85	2,301	1057,74	2,623	1068,38	2,304	1059,28	2,627	30
31	61,80	2,290	52,20	2,628	63,33	2,293	53,72	2,632	64,86	2,297	55,25	2,635	31
32	58,32	2,283	48,18	2,638	59,84	2,286	49,70	2,641	61,36	2,289	51,23	2,644	32
33	54,85	2,275	44,16	2,648	56,37	2,278	45,68	2,651	57,89	2,282	47,20	2,654	33
34	51,41	2,268	40,14	2,659	52,92	2,271	41,66	2,662	54,44	2,274	43,17	2,666	34
35	1047,99	2,260	1036,12	2,672	1049,50	2,264	1037,63	2,675	1051,01	2,267	1039,13	2,678	35
36	1044,59		1032,08		1046,10		1033,59		1047,60		1035,09		36
t°	γ mg	β mm	γ mg	β mm	γ mg	β mm	γ mg	β mm	γ mg	β mm	γ mg	β mm	t°

Riefler.

	698 mm				699 mm				700 mm				
	Trockene Luft Air sec Dry air		50% feuchte Luft Air avec 50% d'humidité Air with 50% of moisture		Trockene Luft Air sec Dry air		50% feuchte Luft Air avec 50% d'humidité Air with 50% of moisture		Trockene Luft Air sec Dry air		50% feuchte Luft Air avec 50% d'humidité Air with 50% of moisture		
t⁰	γ mg	β mm	γ mg	β mm	γ mg	β mm	γ mg	β mm	γ mg	β mm	γ mg	β mm	t⁰
—1⁰	1192,09		1190,72		1193,79		1192,43		1195,50		1194,13		—1⁰
0⁰	1187,71	2,562	1186,25	2,621	1189,41	2,565	1187,95	2,624	1191,11	2,569	1189,65	2,628	0⁰
+1⁰	83,37	2,552	81,80	2,615	85,06	2,556	83,49	2,619	86,76	2,560	85,19	2,622	+1⁰
2	79,06	2,543	77,38	2,610	80,75	2,547	79,07	2,614	82,44	2,550	80,76	2,617	2
3	74,78	2,534	72,98	2,605	76,46	2,537	74,66	2,609	78,14	2,541	76,35	2,613	3
4	70,53	2,525	68,61	2,601	72,20	2,528	70,29	2,604	73,88	2,532	71,96	2,608	4
5	1166,31	2,516	1164,26	2,596	1167,98	2,519	1165,93	2,600	1169,65	2,523	1167,60	2,603	5
6	62,12	2,506	59,93	2,592	63,79	2,510	61,60	2,596	65,45	2,514	63,26	2,599	6
7	57,96	2,498	55,63	2,589	59,62	2,501	57,29	2,592	61,28	2,505	58,95	2,596	7
8	53,83	2,489	51,35	2,585	55,49	2,492	53,00	2,589	57,14	2,496	54,65	2,592	8
9	49,74	2,480	47,08	2,582	51,38	2,483	48,73	2,586	53,03	2,487	50,38	2,590	9
10	1145,67	2,471	1142,84	2,580	1147,31	2,475	1144,48	2,583	1148,95	2,478	1146,12	2,587	10
11	41,62	2,462	38,61	2,577	43,26	2,466	40,25	2,581	44,90	2,469	41,88	2,584	11
12	37,61	2,454	34,41	2,576	39,24	2,457	36,04	2,579	40,87	2,461	37,67	2,583	12
13	33,63	2,445	30,22	2,574	35,25	2,449	31,84	2,578	36,87	2,452	33,46	2,581	13
14	29,67	2,437	26,04	2,573	31,29	2,440	27,66	2,576	32,91	2,443	29,28	2,580	14
15	1125,74	2,428	1121,89	2,573	1127,35	2,432	1123,50	2,577	1128,96	2,435	1125,11	2,580	15
16	21,84	2,420	17,74	2,573	23,44	2,423	19,35	2,576	25,05	2,427	20,96	2,580	16
17	17,96	2,411	13,62	2,573	19,56	2,415	15,22	2,577	21,17	2,418	16,82	2,580	17
18	14,11	2,403	09,50	2,575	15,71	2,406	11,10	2,578	17,31	2,410	12,69	2,582	18
19	10,29	2,395	05,40	2,575	11,88	2,398	06,99	2,579	13,47	2,402	08,58	2,582	19
20	1106,49	2,387	1101,31	2,578	1108,08	2,390	1102,89	2,581	1109,67	2,393	1104,48	2,585	20
21	02,72	2,378	1097,22	2,580	04,30	2,382	1098,80	2,584	05,88	2,385	00,38	2,587	21
22	1098,98	2,370	93,15	2,583	00,55	2,374	94,73	2,586	02,13	2,377	1096,30	2,590	22
23	95,26	2,362	89,09	2,586	1096,83	2,366	90,66	2,590	1098,40	2,369	92,23	2,593	23
24	91,57	2,354	85,04	2,591	93,13	2,358	86,60	2,594	94,69	2,361	88,17	2,598	24
25	1087,90	2,346	1080,99	2,596	1089,46	2,350	1082,55	2,600	1091,01	2,353	1084,10	2,603	25
26	84,25	2,339	76,94	2,601	85,81	2,342	78,50	2,604	87,36	2,345	80,05	2,607	26
27	80,63	2,331	72,91	2,607	82,18	2,334	74,46	2,610	83,73	2,337	76,00	2,614	27
28	77,04	2,323	68,87	2,614	78,58	2,326	70,41	2,617	80,12	2,330	71,96	2,620	28
29	73,46	2,315	64,84	2,621	75,00	2,319	66,38	2,624	76,54	2,322	67,92	2,627	29
30	1069,91	2,308	1060,81	2,630	1071,45	2,311	1062,34	2,633	1072,98	2,314	1063,88	2,637	30
31	66,39	2,300	56,78	2,638	67,92	2,303	58,31	2,642	69,44	2,307	59,83	2,645	31
32	62,89	2,292	52,75	2,648	64,41	2,296	54,27	2,651	65,93	2,299	55,79	2,654	32
33	59,41	2,285	48,72	2,658	60,92	2,288	50,23	2,661	62,44	2,292	51,75	2,664	33
34	55,95	2,278	44,68	2,669	57,46	2,281	46,19	2,672	58,98	2,284	47,71	2,675	34
35	1052,52	2,270	1040,64	2,682	1054,02	2,273	1042,15	2,685	1055,53	2,277	1043,66	2,688	35
36	1049,10		1036,59		1050,61		1038,10		1052,11		1039,60		36
t⁰	γ mg	β mm	γ mg	β mm	γ mg	β mm	γ mg	β mm	γ mg	β mm	γ mg	β mm	t⁰

	701 mm				702 mm				703 mm				
	Trockene Luft Air sec Dry air		50% feuchte Luft Air avec 50% d'humidité Air with 50% of moisture		Trockene Luft Air sec Dry air		50% feuchte Luft Air avec 50% d'humidité Air with 50% of moisture		Trockene Luft Air sec Dry air		50% feuchte Luft Air avec 50% d'humidité Air with 50% of moisture		
t^0	γ mg	β mm	γ mg	β mm	γ mg	β mm	γ mg	β mm	γ mg	β mm	γ mg	β mm	t^0
−1°	1197,21		1195,84		1198,92		1197,55		1200,63		1199,26		−1°
0°	1192,82	2,573	1191,35	2,632	1194,52	2,576	1193,05	2,635	1196,22	2,580	1194,75	2,639	0°
+1°	88,45	2,563	86,89	2,626	90,15	2,567	88,58	2,630	91,85	2,571	90,28	2,633	+1°
2	84,12	2,554	82,45	2,621	85,81	2,558	84,14	2,625	87,50	2,561	85,83	2,628	2
3	79,83	2,545	78,03	2,616	81,51	2,548	79,71	2,620	83,19	2,552	81,40	2,623	3
4	75,56	2,535	73,64	2,611	77,24	2,539	75,32	2,615	78,91	2,543	76,99	2,619	4
5	1171,32	2,526	1169,27	2,607	1172,99	2,530	1170,94	2,610	1174,66	2,534	1172,61	2,614	5
6	67,12	2,517	64,93	2,603	68,78	2,521	66,59	2,607	70,45	2,524	68,26	2,610	6
7	62,94	2,508	60,60	2,599	64,60	2,512	62,26	2,603	66,26	2,515	63,92	2,607	7
8	58,79	2,499	56,30	2,596	60,45	2,503	57,96	2,599	62,10	2,506	59,61	2,603	8
9	54,68	2,490	52,02	2,593	56,32	2,494	53,67	2,597	57,97	2,498	55,32	2,600	9
10	1150,59	2,482	1147,76	2,590	1152,23	2,485	1149,40	2,594	1153,87	2,489	1151,04	2,598	10
11	46,53	2,473	43,52	2,588	48,17	2,476	45,15	2,591	49,80	2,480	46,79	2,595	11
12	42,50	2,464	39,30	2,586	44,13	2,468	40,93	2,590	45,76	2,471	42,56	2,593	12
13	38,50	2,456	35,09	2,585	40,12	2,459	36,71	2,588	41,75	2,463	38,34	2,592	13
14	34,52	2,447	30,90	2,583	36,14	2,450	32,52	2,587	37,76	2,454	34,14	2,590	14
15	1130,58	2,438	1126,73	2,584	1132,19	2,442	1128,34	2,587	1133,80	2,445	1129,95	2,591	15
16	26,66	2,430	22,57	2,583	28,27	2,433	24,17	2,587	29,87	2,437	25,78	2,590	16
17	22,77	2,422	18,42	2,584	24,37	2,425	20,02	2,587	25,97	2,429	21,63	2,591	17
18	18,90	2,413	14,29	2,585	20,50	2,417	15,89	2,589	22,09	2,420	17,48	2,592	18
19	15,06	2,405	10,17	2,586	16,65	2,408	11,76	2,589	18,24	2,412	13,35	2,593	19
20	1111,25	2,397	1106,06	2,588	1112,84	2,400	1107,65	2,592	1114,42	2,404	1109,23	2,595	20
21	07,46	2,389	01,96	2,591	09,04	2,392	03,54	2,594	10,62	2,395	05,12	2,597	21
22	03,70	2,380	1097,88	2,593	05,28	2,384	1099,45	2,597	06,85	2,387	01,03	2,600	22
23	1099,97	2,372	93,80	2,597	01,54	2,376	95,37	2,600	03,11	2,379	1096,94	2,603	23
24	96,26	2,364	89,73	2,601	1097,82	2,368	91,29	2,604	1099,39	2,371	92,86	2,608	24
25	1092,57	2,356	1085,66	2,606	1094,13	2,360	1087,22	2,610	1095,69	2,363	1088,78	2,613	25
26	88,91	2,349	81,60	2,611	90,47	2,352	83,16	2,614	92,02	2,355	84,71	2,618	26
27	85,28	2,341	77,55	2,617	86,82	2,344	79,10	2,620	88,37	2,347	80,65	2,624	27
28	81,66	2,333	73,50	2,624	83,21	2,336	75,04	2,627	84,75	2,340	76,59	2,630	28
29	78,08	2,325	69,46	2,631	79,61	2,329	70,99	2,634	81,15	2,332	72,53	2,637	29
30	1074,51	2,318	1065,41	2,640	1076,05	2,321	1066,94	2,643	1077,58	2,324	1068,47	2,647	30
31	70,97	2,310	61,36	2,648	72,50	2,313	62,89	2,652	74,03	2,316	64,42	2,655	31
32	67,45	2,302	57,32	2,657	68,98	2,306	58,84	2,661	70,50	2,309	60,36	2,664	32
33	63,96	2,295	53,27	2,668	65,48	2,298	54,79	2,671	67,00	2,301	56,30	2,674	33
34	60,49	2,287	49,22	2,679	62,00	2,291	50,73	2,682	63,51	2,294	52,25	2,685	34
35	1057,04	2,280	1045,17	2,691	1058,55	2,283	1046,67	2,695	1060,06	2,286	1048,18	2,698	35
36	1053,61		1041,10		1055,12		1042,61		1056,62		1044,11		36
t^0	γ mg	β mm	γ mg	β mm	γ mg	β mm	γ mg	β mm	γ mg	β mm	γ mg	β mm	t^0

	704 mm				705 mm				706 mm				
	Trockene Luft Air sec Dry air		50% feuchte Luft Air avec 50% d'humidité Air with 50% of moisture		Trockene Luft Air sec Dry air		50% feuchte Luft Air avec 50% d'humidité Air with 50% of moisture		Trockene Luft Air sec Dry air		50% feuchte Luft Air avec 50% d'humidité Air with 50% of moisture		
t^0	γ mg	β mm	γ mg	β mm	γ mg	β mm	γ mg	β mm	γ mg	β mm	γ mg	β mm	t^0
-1^0	1202,33		1200,97		1204,04		1202,67		1205,75		1204,38		-1^0
0^0	1197,92	2,584	1196,46	2,643	1199,62	2,587	1198,16	2,646	1201,32	2,591	1199,86	2,650	0^0
$+1^0$	93,54	2,574	91,97	2,637	95,24	2,578	93,67	2,641	96,93	2,582	95,36	2,644	$+1^0$
2	89,19	2,565	87,51	2,632	90,88	2,569	89,20	2,636	92,57	2,572	90,89	2,639	2
3	84,88	2,556	83,08	2,627	86,56	2,559	84,76	2,631	88,24	2,563	86,45	2,634	3
4	80,59	2,546	78,67	2,622	82,27	2,550	80,35	2,626	83,94	2,554	82,03	2,630	4
5	1176,34	2,537	1174,28	2,618	1178,01	2,541	1175,96	2,621	1179,68	2,544	1177,63	2,625	5
6	72,11	2,528	69,92	2,614	73,78	2,532	71,59	2,617	75,44	2,535	73,25	2,621	6
7	67,92	2,519	65,58	2,610	69,58	2,523	67,24	2,614	71,24	2,526	68,90	2,617	7
8	63,75	2,510	61,26	2,606	65,41	2,514	62,92	2,610	67,06	2,517	64,57	2,614	8
9	59,62	2,501	56,96	2,604	61,27	2,505	58,61	2,607	62,91	2,508	60,26	2,611	9
10	1155,51	2,492	1152,69	2,601	1157,15	2,496	1154,33	2,605	1158,80	2,499	1155,97	2,608	10
11	51,44	2,483	48,43	2,599	53,07	2,487	50,06	2,602	54,71	2,491	51,70	2,606	11
12	47,39	2,475	44,19	2,597	49,02	2,478	45,82	2,600	50,65	2,482	47,45	2,604	12
13	43,37	2,466	39,96	2,595	44,99	2,470	41,58	2,599	46,62	2,473	43,21	2,602	13
14	39,38	2,457	35,76	2,594	41,00	2,461	37,37	2,597	42,62	2,464	38,99	2,601	14
15	1135,42	2,449	1131,56	2,594	1137,03	2,452	1133,18	2,598	1138,64	2,456	1134,79	2,601	15
16	31,48	2,440	27,39	2,594	33,09	2,444	28,99	2,597	34,69	2,447	30,60	2,601	16
17	27,57	2,432	23,23	2,594	29,17	2,435	24,83	2,598	30,77	2,439	26,43	2,601	17
18	23,69	2,424	19,08	2,596	25,29	2,427	20,67	2,599	26,88	2,430	22,27	2,602	18
19	19,83	2,415	14,94	2,596	21,43	2,419	16,53	2,599	23,02	2,422	18,12	2,603	19
20	1116,01	2,407	1110,82	2,598	1117,59	2,410	1112,40	2,602	1119,18	2,414	1113,99	2,605	20
21	12,20	2,399	06,70	2,601	13,78	2,402	08,28	2,604	15,36	2,406	09,86	2,608	21
22	08,43	2,391	02,60	2,603	10,00	2,394	04,18	2,607	11,58	2,397	05,75	2,610	22
23	04,68	2,383	1098,51	2,607	06,24	2,386	00,07	2,610	07,81	2,389	01,64	2,614	23
24	00,95	2,375	94,42	2,611	02,51	2,378	1095,98	2,615	04,08	2,381	1097,55	2,618	24
25	1097,25	2,367	1090,34	2,616	1098,81	2,370	1091,90	2,620	1100,37	2,373	1093,46	2,623	25
26	93,57	2,359	86,26	2,621	95,13	2,362	87,82	2,624	1096,68	2,365	89,37	2,628	26
27	89,92	2,351	82,20	2,627	91,47	2,354	83,74	2,631	93,02	2,357	85,29	2,634	27
28	86,29	2,343	78,13	2,633	87,84	2,346	79,67	2,637	89,38	2,350	81,22	2,640	28
29	82,69	2,335	74,07	2,641	84,23	2,338	75,61	2,644	85,77	2,342	77,15	2,647	29
30	1079,11	2,327	1070,01	2,650	1080,64	2,331	1071,54	2,653	1082,18	2,334	1073,07	2,656	30
31	75,55	2,320	65,95	2,658	77,08	2,323	67,47	2,661	78,61	2,326	69,00	2,665	31
32	72,02	2,312	61,89	2,667	73,55	2,315	63,41	2,671	75,07	2,319	64,93	2,674	32
33	68,51	2,305	57,82	2,677	70,03	2,308	59,34	2,681	71,55	2,311	60,86	2,684	33
34	65,03	2,297	53,76	2,688	66,54	2,300	55,27	2,692	68,05	2,304	56,78	2,695	34
35	1061,56	2,290	1049,69	2,701	1063,07	2,293	1051,20	2,704	1064,58	2,296	1052,70	2,708	35
36	1058,12		1045,61		1059,62		1047,11		1061,13		1048,62		36
t^0	γ mg	β mm	γ mg	β mm	γ mg	β mm	γ mg	β mm	γ mg	β mm	γ mg	β mm	t^0

	707 mm				708 mm				709 mm				
	Trockene Luft Air sec Dry air		50% feuchte Luft Air avec 50% d'humidité Air with 50% of moisture		Trockene Luft Air sec Dry air		50% feuchte Luft Air avec 50% d'humidité Air with 50% of moisture		Trockene Luft Air sec Dry air		50% feuchte Luft Air avec 50% d'humidité Air with 50% of moisture		
t^0	γ mg	β mm	γ mg	β mm	γ mg	β mm	γ mg	β mm	γ mg	β mm	γ mg	β mm	t^0
-1^0	1207,46		1206,09		1209,16		1207,80		1210,87		1209,50		-1^0
0^0	1203,03	2,595	1201,56	2,654	1204,73	2,598	1203,26	2,657	1206,43	2,602	1204,96	2,661	0^0
$+1^0$	98,63	2,585	1197,06	2,648	00,32	2,589	1198,75	2,651	02,02	2,593	00,45	2,655	$+1^0$
2	94,26	2,576	92,58	2,643	1195,95	2,579	94,27	2,647	1197,64	2,583	1195,96	2,650	2
3	89,92	2,566	88,13	2,638	91,61	2,570	89,81	2,642	93,29	2,574	91,50	2,645	3
4	85,62	2,557	83,70	2,633	87,30	2,561	85,38	2,637	88,97	2,564	87,06	2,640	4
5	1181,35	2,548	1179,30	2,628	1183,02	2,552	1180,97	2,632	1184,69	2,555	1182,64	2,636	5
6	77,11	2,539	74,92	2,625	78,77	2,542	76,58	2,628	80,44	2,546	78,25	2,632	6
7	72,89	2,530	70,56	2,621	74,55	2,533	72,22	2,624	76,21	2,537	73,88	2,628	7
8	68,71	2,521	66,22	2,617	70,37	2,524	67,88	2,621	72,02	2,528	69,53	2,624	8
9	64,56	2,512	61,91	2,614	66,21	2,515	63,55	2,618	67,85	2,519	65,20	2,622	9
10	1160,44	2,503	1157,61	2,612	1162,08	2,506	1159,25	2,615	1163,72	2,510	1160,89	2,619	10
11	56,34	2,494	53,33	2,609	57,98	2,498	54,97	2,613	59,62	2,501	56,60	2,616	11
12	52,28	2,485	49,08	2,607	53,91	2,489	50,71	2,611	55,54	2,492	52,33	2,614	12
13	48,24	2,477	44,83	2,606	49,87	2,480	46,46	2,609	51,49	2,484	48,08	2,613	13
14	44,23	2,468	40,61	2,604	45,85	2,471	42,23	2,608	47,47	2,475	43,85	2,611	14
15	1140,25	2,459	1136,40	2,605	1141,87	2,463	1138,02	2,608	1143,48	2,466	1139,63	2,612	15
16	36,30	2,451	32,21	2,604	37,91	2,454	33,82	2,608	39,52	2,458	35,42	2,611	16
17	32,38	2,442	28,03	2,604	33,98	2,446	29,63	2,608	35,58	2,449	31,24	2,611	17
18	28,48	2,434	23,87	2,606	30,07	2,437	25,46	2,609	31,67	2,441	27,06	2,613	18
19	24,61	2,426	19,71	2,606	26,20	2,429	21,30	2,610	27,79	2,432	22,90	2,613	19
20	1120,76	2,417	1115,57	2,609	1122,35	2,421	1117,16	2,612	1123,93	2,424	1118,75	2,616	20
21	16,94	2,409	11,44	2,611	18,52	2,412	13,02	2,615	20,10	2,416	14,60	2,618	21
22	13,15	2,401	07,32	2,614	14,72	2,404	08,90	2,617	16,30	2,408	10,47	2,620	22
23	09,38	2,393	03,21	2,617	10,95	2,396	04,78	2,620	12,52	2,400	06,35	2,624	23
24	05,64	2,385	1099,11	2,621	07,20	2,388	00,68	2,625	08,77	2,391	02,24	2,628	24
25	1101,92	2,377	1095,01	2,627	1103,48	2,380	1096,57	2,630	1105,04	2,383	1098,13	2,633	25
26	1098,23	2,369	90,92	2,631	1099,79	2,372	1092,48	2,634	01,34	2,375	94,03	2,638	26
27	94,57	2,361	86,84	2,637	96,11	2,364	88,39	2,641	1097,66	2,367	89,94	2,644	27
28	90,92	2,353	82,76	2,643	92,47	2,356	84,30	2,647	94,01	2,360	85,84	2,650	28
29	87,30	2,345	78,68	2,651	88,84	2,348	80,22	2,654	90,38	2,352	81,76	2,657	29
30	1083,71	2,337	1074,61	2,660	1085,24	2,341	1076,14	2,663	1086,77	2,344	1077,67	2,666	30
31	80,14	2,330	70,53	2,668	81,67	2,333	72,06	2,671	83,19	2,336	73,58	2,675	31
32	76,59	2,322	66,45	2,677	78,11	2,325	67,98	2,680	79,64	2,329	69,50	2,684	32
33	73,07	2,314	62,38	2,687	74,58	2,318	63,89	2,690	76,10	2,321	65,41	2,694	33
34	69,57	2,307	58,30	2,698	71,08	2,310	59,81	2,701	72,59	2,313	61,32	2,705	34
35	1066,09	2,299	1054,21	2,711	1067,59	2,303	1055,72	2,714	1069,10	2,306	1057,23	2,717	35
36	1062,63		1050,12		1064,13		1051,62		1065,64		1053,13		36
t^0	γ mg	β mm	γ mg	β mm	γ mg	β mm	γ mg	β mm	γ mg	β mm	γ mg	β mm	t^0

	710 mm				711 mm				712 mm				
	Trockene Luft Air sec Dry air		50% feuchte Luft Air avec 50% d'humidité Air with 50% of moisture		Trockene Luft Air sec Dry air		50% feuchte Luft Air avec 50% d'humidité Air with 50% of moisture		Trockene Luft Air sec Dry air		50% feuchte Luft Air avec 50% d'humidité Air with 50% of moisture		
t°	γ mg	β mm	γ mg	β mm	γ mg	β mm	γ mg	β mm	γ mg	β mm	γ mg	β mm	t°
−1°	1212,58		1211,21		1214,29		1212,92		1216,00		1214,63		−1°
0°	1208,13	2,606	1206,66	2,665	1209,83	2,609	1208,37	2,668	1211,53	2,613	1210,07	2,672	0°
+1°	03,71	2,596	02,14	2,659	05,41	2,600	03,84	2,662	07,10	2,604	05,53	2,666	+1°
2	1199,33	2,587	1197,65	2,654	01,02	2,590	1199,34	2,657	02,71	2,594	01,03	2,661	2
3	94,97	2,577	93,18	2,649	1196,66	2,581	94,86	2,653	1198,34	2,585	1196,54	2,656	3
4	90,65	2,568	88,73	2,644	92,33	2,572	90,41	2,648	94,01	2,575	92,09	2,651	4
5	1186,36	2,559	1184,31	2,639	1188,03	2,562	1185,98	2,643	1189,70	2,566	1187,65	2,646	5
6	82,10	2,550	79,91	2,635	83,77	2,553	81,58	2,639	85,43	2,557	83,24	2,643	6
7	77,87	2,540	75,54	2,632	79,53	2,544	77,19	2,635	81,19	2,548	78,85	2,639	7
8	73,67	2,531	71,18	2,628	75,32	2,535	72,84	2,631	76,98	2,539	74,49	2,635	8
9	69,50	2,522	66,85	2,625	71,15	2,526	68,49	2,629	72,80	2,530	70,14	2,632	9
10	1165,36	2,513	1162,53	2,622	1167,00	2,517	1164,18	2,626	1168,64	2,521	1165,82	2,629	10
11	61,25	2,505	58,24	2,620	62,89	2,508	59,87	2,623	64,52	3,512	61,51	2,627	11
12	57,17	2,496	53,96	2,618	58,80	2,499	55,59	2,622	60,43	2,503	57,22	2,625	12
13	53,12	2,487	49,71	2,616	54,74	2,491	51,33	2,620	56,36	2,494	52,95	2,623	13
14	49,09	2,478	45,47	2,615	50,71	2,482	47,08	2,618	52,33	2,485	48,70	2,622	14
15	1145,09	2,470	1141,24	2,615	1146,71	2,473	1142,85	2,619	1148,32	2,477	1144,47	2,622	15
16	41,12	2,461	37,03	2,614	42,73	2,465	38,64	2,618	44,34	2,468	40,25	2,621	16
17	37,18	2,453	32,84	2,615	38,78	2,456	34,44	2,618	40,38	2,460	36,04	6,622	17
18	33,27	2,444	28,65	2,616	34,86	2,448	30,25	2,620	36,46	2,451	31,85	2,623	18
19	29,38	2,436	24,49	2,617	30,97	2,439	26,08	2,620	32,56	2,443	27,67	1,623	19
20	1125,52	2,428	1120,33	2,619	1127,10	2,431	1121,92	2,622	1128,69	2,434	1123,50	2,626	20
21	21,68	2,419	16,18	2,621	23,26	2,423	17,76	2,625	24,84	2,426	19,34	2,628	21
22	17,87	2,411	12,05	2,624	19,45	2,414	13,62	2,627	21,02	2,418	15,20	2,631	22
23	14,09	2,403	07,92	2,627	15,66	2,406	09,49	2,630	17,23	2,410	11,06	2,634	23
24	10,33	2,395	03,80	2,631	11,90	2,398	05,37	2,635	13,46	2,402	06,93	2,638	24
25	1106,60	2,387	1099,69	2,637	1108,16	2,390	1101,25	2,640	1109,72	2,393	1102,81	2,643	25
26	02,89	2,379	95,58	2,641	04,45	2,382	1097,14	2,644	06,00	2,385	1098,69	2,648	26
27	1099,21	2,371	91,49	2,647	00,76	2,374	93,03	2,651	02,31	2,377	94,58	2,654	27
28	95,55	2,363	87,39	2,653	1097,09	2,366	88,93	2,657	1098,64	2,370	90,47	2,660	28
29	91,92	2,355	83,30	2,661	93,46	2,358	84,83	2,664	94,99	2,362	86,37	2,667	29
30	1088,31	2,347	1079,20	2,670	1089,84	2,351	1080,74	2,673	1091,37	2,354	1082,27	2,676	30
31	84,72	2,340	75,11	2,678	86,25	2,343	76,64	2,681	87,78	2,346	78,17	2,684	31
32	81,16	2,332	71,02	2,687	82,68	2,335	72,54	2,690	84,20	2,338	74,07	2,694	32
33	77,62	2,324	66,93	2,697	79,14	2,328	68,45	2,700	80,66	2,331	69,96	2,704	33
34	74,10	2,317	62,84	2,708	75,62	2,320	64,35	2,711	77,13	2,323	65,86	2,714	34
35	1070,61	2,309	1058,74	2,721	1072,12	2,312	1060,24	2,724	1073,63	2,316	1061,75	2,727	35
36	1067,14		1054,63		1068,64		1056,13		1070,15		1057,64		36
t°	γ mg	β mm	γ mg	β mm	γ mg	β mm	γ mg	β mm	γ mg	β mm	γ mg	β mm	t°

	713 mm				714 mm				715 mm				
	Trockene Luft Air sec Dry air		50% feuchte Luft Air avec 50% d'humidité Air with 50% of moisture		Trockene Luft Air sec Dry air		50% feuchte Luft Air avec 50% d'humidité Air with 50% of moisture		Trockene Luft Air sec Dry air		50% feuchte Luft Air avec 50% d'humidité Air with 50% of moisture		
t^0	γ mg	β mm	γ mg	β mm	γ mg	β mm	γ mg	β mm	γ mg	β mm	γ mg	β mm	t^0
—1°	1217,70		1216,34		1219,41		1218,04		1221,12		1219,75		—1°
0°	1213,24	2,617	1211,77	2,676	1214,94	2,620	1213,47	2,679	1216,64	2,624	1215,17	2,683	0°
+1°	08,80	2,607	07,23	2,670	10,49	2,611	08,93	2,673	12,19	2,614	10,62	2,677	+1°
2	04,39	2,598	02,72	2,665	06,08	2,601	04,41	2,668	07,77	2,605	06,10	2,672	2
3	00,02	2,588	1198,23	2,660	01,71	2,592	1199,91	2,663	03,39	2,596	01,59	2,667	3
4	1195,68	2,579	93,76	2,655	1197,36	2,583	95,44	2,658	1199,04	2,586	1197,12	2,662	4
5	1191,37	2,570	1189,32	2,650	1193,04	2,573	1190,99	2,654	1194,72	2,577	1192,67	2,657	5
6	87,10	2,560	84,91	2,646	88,76	2,564	86,57	2,650	90,43	2,568	88,24	2,653	6
7	82,85	2,551	80,51	2,642	84,51	2,555	82,17	2,646	86,17	2,558	83,83	2,649	7
8	78,63	2,542	76,14	2,639	80,28	2,546	77,79	2,642	81,94	2,549	79,45	2,646	8
9	74,44	2,533	71,79	2,636	76,09	2,537	73,44	2,639	77,74	2,540	75,08	2,643	9
10	1170,29	2,524	1167,46	2,633	1171,93	2,528	1169,10	2,637	1173,57	2,531	1170,74	2,640	10
11	66,16	2,515	63,15	2,630	67,79	2,519	64,78	2,634	69,43	2,522	66,42	2,637	11
12	62,06	2,506	58,85	2,629	63,69	2,510	60,48	2,632	65,32	2,513	62,11	2,636	12
13	57,99	2,498	54,58	2,627	59,61	2,501	56,20	2,630	61,24	2,505	57,83	2,634	13
14	53,95	2,489	50,32	2,625	55,56	2,492	51,94	2,629	57,18	2,496	53,56	2,632	14
15	1149,93	2,480	1146,08	2,625	1151,54	2,484	1147,69	2,629	1153,16	2,487	1149,31	2,632	15
16	45,95	2,472	41,85	2,625	47,55	2,475	43,46	2,628	49,16	2,479	45,07	2,632	16
17	41,99	2,463	37,64	2,625	43,59	2,467	39,24	2,629	45,19	2,470	40,85	2,632	17
18	38,06	2,455	33,44	2,627	39,65	2,458	35,04	2,630	41,25	2,461	36,64	2,633	18
19	34,15	2,446	29,26	2,627	35,74	2,450	30,85	2,630	37,33	2,453	32,44	2,634	19
20	1130,27	2,438	1125,09	2,629	1131,86	2,441	1126,67	2,633	1133,44	2,445	1128,26	2,636	20
21	26,42	2,429	20,92	2,632	28,00	2,433	22,50	2,635	29,58	2,436	24,08	2,638	21
22	22,60	2,421	16,77	2,634	24,17	2,425	18,35	2,637	25,75	2,428	19,92	2,641	22
23	18,80	2,413	12,63	2,637	20,37	2,416	14,20	2,641	21,94	2,420	15,77	2,644	23
24	15,02	2,405	08,50	2,641	16,59	2,408	10,06	2,645	18,15	2,412	11,62	2,648	24
25	1111,28	2,397	1104,37	2,647	1112,83	2,400	1105,92	2,650	1114,39	2,404	1107,48	2,653	25
26	07,55	2,389	00,24	2,651	09,11	2,392	01,80	2,654	10,66	2,396	03,35	2,658	26
27	03,85	2,381	1096,13	2,657	05,40	2,384	1097,68	2,661	06,95	2,388	1099,23	2,664	27
28	00,18	2,373	92,02	2,663	01,72	2,376	93,56	2,667	03,27	2,380	95,10	2,670	28
29	1096,53	2,365	87,91	2,671	1098,07	2,368	89,45	2,674	1099,61	2,372	90,99	2,677	29
30	1092,91	2,357	1083,80	2,680	1094,44	2,361	1085,34	2,683	1095,97	2,364	1086,87	2,686	30
31	89,30	2,349	79,70	2,688	90,83	2,353	81,22	2,691	92,36	2,356	82,75	2,694	31
32	85,73	2,342	75,59	2,697	87,25	2,345	77,11	2,700	88,77	2,348	78,64	2,703	32
33	82,17	2,334	71,48	2,707	83,69	2,337	73,00	2,710	85,21	2,341	74,52	2,713	33
34	78,64	2,326	67,37	2,718	80,16	2,330	68,89	2,721	81,67	2,333	70,40	2,724	34
35	1075,13	2,319	1063,26	2,731	1076,64	2,322	1064,77	2,734	1078,15	2,325	1066,28	2,737	35
36	1071,65		1059,14		1073,15		1060,64		1074,65		1062,14		36
t^0	γ mg	β mm	γ mg	β mm	γ mg	β mm	γ mg	β mm	γ mg	β mm	γ mg	β mm	t^0

	716 mm				717 mm				718 mm				
	Trockene Luft Air sec Dry air		50% feuchte Luft Air avec 50% d'humidité Air with 50% of moisture		Trockene Luft Air sec Dry air		50% feuchte Luft Air avec 50% d'humidité Air with 50% of moisture		Trockene Luft Air sec Dry air		50% feuchte Luft Air avec 50% d'humidité Air with 50% of moisture		
t^0	γ mg	β mm	γ mg	β mm	γ mg	β mm	γ mg	β mm	γ mg	β mm	γ mg	β mm	t^0
−1°	1222,83		1221,46		1224,54		1223,17		1226,24		1224,88		−1°
0°	1218,34	2,628	1216,87	2,687	1220,04	2,631	1218,58	2,690	1221,74	2,635	1220,28	2,694	0°
+1°	13,88	2,618	12,32	2,681	15,58	2,622	14,01	2,684	17,28	2,625	15,71	2,688	+1°
2	09,46	2,609	07,78	2,676	11,15	2,612	09,47	2,679	12,84	2,616	11,16	2,683	2
3	05,07	2,599	03,28	2,671	06,76	2,603	04,96	2,674	08,44	2,606	06,64	2,678	3
4	00,71	2,590	1198,79	2,666	02,39	2,593	00,47	2,669	04,07	2,597	02,15	2,673	4
5	1196,39	2,580	1194,34	2,661	1198,06	2,584	1196,01	2,664	1199,73	2,588	1197,68	2,668	5
6	92,09	2,571	89,90	2,657	93,76	2,575	91,57	2,660	95,42	2,558	93,23	2,664	6
7	87,82	2,562	85,49	2,653	89,48	2,566	87,15	2,657	91,14	2,569	88,81	2,660	7
8	83,59	2,553	81,10	2,649	85,24	2,556	82,75	2,653	86,90	2,560	84,41	2,656	8
9	79,38	2,544	76,73	2,646	81,03	2,547	78,38	2,650	82,68	2,551	80,02	2,653	9
10	1175,21	2,535	1172,38	2,644	1176,85	2,538	1174,02	2,647	1178,49	2,542	1175,66	2,651	10
11	71,06	2,526	68,05	2,641	72,70	2,529	69,69	2,644	74,34	2,533	71,32	2,648	11
12	66,95	2,517	63,74	2,639	68,58	2,520	65,37	2,643	70,21	2,524	67,00	2,646	12
13	62,86	2,508	59,45	2,637	64,48	2,512	61,07	2,641	66,11	2,515	62,70	2,644	13
14	58,80	2,499	55,18	2,636	60,42	2,503	56,80	2,639	62,04	2,506	58,41	2,643	14
15	1154,77	2,491	1150,92	2,636	1156,38	2,494	1152,53	2,639	1158,00	2,498	1154,14	2,643	15
16	50,77	2,482	46,67	2,635	52,37	2,485	48,28	2,639	53,98	2,489	49,89	2,642	16
17	46,79	2,473	42,45	2,636	48,39	2,477	44,05	2,639	49,99	2,480	45,65	2,642	17
18	42,84	2,465	38,23	2,637	44,44	2,468	39,83	2,640	46,04	2,472	41,42	2,644	18
19	38,92	2,456	34,03	2,637	40,51	2,460	35,62	2,641	42,10	2,463	37,21	2,644	19
20	1135,03	2,448	1129,84	2,639	1136,61	2,451	1131,43	2,643	1138,20	2,455	1133,01	2,646	20
21	31,16	2,440	25,66	2,642	32,74	2,443	27,24	2,645	34,32	2,447	28,82	2,649	21
22	27,32	2,431	21,49	2,644	28,89	2,435	23,07	2,647	30,47	2,438	24,64	2,651	22
23	23,50	2,423	17,34	2,647	25,07	2,427	18,90	2,651	26,64	2,430	20,47	2,654	23
24	19,72	2,415	13,19	2,652	21,28	2,418	14,75	2,655	22,84	2,422	16,31	2,658	24
25	1115,95	2,407	1109,04	2,657	1117,51	2,410	1110,60	2,660	1119,07	2,414	1112,16	2,664	25
26	12,21	2,399	04,90	2,661	13,77	2,402	06,46	2,664	15,32	2,406	08,01	2,668	26
27	08,50	2,391	00,77	2,667	10,05	2,394	02,32	2,671	11,60	2,398	03,87	2,674	27
28	04,81	2,383	1096,65	2,673	06,35	2,386	1098,19	2,677	07,90	2,390	1099,73	2,680	28
29	01,15	2,375	92,52	2,681	02,68	2,378	94,06	2,684	04,22	2,382	95,60	2,687	29
30	1097,50	2,367	1088,40	2,690	1099,04	2,370	1089,93	2,693	1100,57	2,374	1091,47	2,696	30
31	93,89	2,359	84,28	2,698	95,42	2,363	85,81	2,701	1096,94	2,366	87,33	2,704	31
32	90,30	2,352	80,16	2,707	91,82	2,355	81,68	2,710	93,34	2,358	83,20	2,713	32
33	86,73	2,344	76,04	2,717	88,24	2,347	77,55	2,720	89,76	2,350	79,07	2,723	33
34	83,18	2,336	71,91	2,727	84,69	2,339	73,42	2,731	86,21	2,343	74,94	2,734	34
35	1079,66	2,329	1067,78	2,740	1081,17	2,332	1069,29	2,744	1082,67	2,335	1070,80	2,747	35
36	1076,16		1063,65		1077,66		1065,15		1079,16		1066,65		36
t^0	γ mg	β mm	γ mg	β mm	γ mg	β mm	γ mg	β mm	γ mg	β mm	γ mg	β mm	t^0

	719 mm				720 mm				721 mm				
	Trockene Luft Air sec Dry air		50% feuchte Luft Air avec 50% d'humidité Air with 50% of moisture		Trockene Luft Air sec Dry air		50% feuchte Luft Air avec 50% d'humidité Air with 50% of moisture		Trockene Luft Air sec Dry air		50% feuchte Luft Air avec 50% d'humidité Air with 50% of moisture		
t^0	γ mg	β mm	γ mg	β mm	γ mg	β mm	γ mg	β mm	γ mg	β mm	γ mg	β mm	t^0
−1°	1227,95		1226,58		1229,66		1228,29		1231,37		1230,00		−1°
0°	1223,44	2,639	1221,98	2,698	1225,15	2,642	1223,68	2,701	1226,85	2,646	1225,38	2,705	0°
+1°	18,97	2,629	17,40	2,692	20,67	2,633	19,10	2,695	22,36	2,636	20,79	2,699	+1°
2	14,53	2,620	12,85	2,687	16,22	2,623	14,54	2,690	17,91	2,627	16,23	2,694	2
3	10,12	2,610	08,33	2,682	11,80	2,614	10,01	2,685	13,49	2,617	11,69	2,689	3
4	05,74	2,601	03,83	2,677	07,42	2,604	05,50	2,680	09,10	2,608	07,18	2,684	4
5	1201,40	2,591	1199,35	2,672	1203,07	2,595	1201,02	2,675	1204,74	2,598	1202,69	2,679	5
6	1197,08	2,582	94,90	2,668	1198,75	2,586	1196,56	2,671	00,41	2,589	1198,23	2,675	6
7	92,80	2,573	90,47	2,664	94,46	2,576	92,12	2,667	1196,12	2,580	93,78	2,671	7
8	88,55	2,563	86,06	2,660	90,20	2,567	87,71	2,663	91,86	2,571	89,37	2,667	8
9	84,33	2,554	81,67	2,657	85,97	2,558	83,32	2,661	87,62	2,561	84,97	2,664	9
10	1180,13	2,545	1177,31	2,654	1181,78	2,549	1178,95	2,658	1183,42	2,552	1180,59	2,661	10
11	75,97	2,536	72,96	2,651	77,61	2,540	74,59	2,655	79,24	2,543	76,23	2,658	11
12	71,84	2,527	68,63	2,650	73,47	2,531	70,26	2,653	75,10	2,534	71,89	2,657	12
13	67,73	2,519	64,32	2,648	69,36	2,522	65,95	2,651	70,98	2,526	67,57	2,655	13
14	63,66	2,510	60,03	2,646	65,27	2,513	61,65	2,650	66,89	2,517	63,27	2,653	14
15	1159,61	2,501	1155,76	2,646	1161,22	2,505	1157,37	2,650	1162,83	2,508	1158,98	2,653	15
16	55,59	2,492	51,50	2,646	57,20	2,496	53,10	2,649	58,80	2,499	54,71	2,653	16
17	51,60	2,484	47,25	2,646	53,20	2,487	48,85	2,649	54,80	2,491	50,46	2,653	17
18	47,63	2,475	43,02	2,647	49,23	2,479	44,62	2,651	50,82	2,482	46,21	2,654	18
19	43,69	2,467	38,80	2,647	45,29	2,470	40,39	2,651	46,88	2,474	41,98	2,654	19
20	1139,78	2,458	1134,60	2,650	1141,37	2,462	1136,18	2,653	1142,96	2,465	1137,77	2,657	20
21	35,90	2,450	30,40	2,652	37,48	2,453	31,98	2,655	39,06	2,457	33,56	2,659	21
22	32,04	2,442	26,22	2,654	33,62	2,445	27,79	2,658	35,19	2,448	29,37	2,661	22
23	28,21	2,433	22,04	2,658	29,78	2,437	23,61	2,661	31,35	2,440	25,18	2,664	23
24	24,41	2,425	17,88	2,662	25,97	2,429	19,44	2,665	27,53	2,432	21,01	2,668	24
25	1120,63	2,417	1113,72	2,667	1122,19	2,420	1115,28	2,670	1123,74	2,424	1116,84	2,674	25
26	16,87	2,409	09,56	2,671	18,43	2,412	11,12	2,674	19,98	2,416	12,67	2,678	26
27	13,14	2,401	05,42	2,677	14,69	2,404	06,97	2,681	16,24	2,408	08,52	2,684	27
28	09,44	2,393	01,28	2,683	10,98	2,396	02,82	2,687	12,52	2,400	04,36	2,690	28
29	05,76	2,385	1097,14	2,690	07,30	2,388	1098,68	2,694	08,83	2,392	00,21	2,697	29
30	1102,10	2,377	1093,00	2,699	1103,64	2,380	1094,53	2,703	1105,17	2,384	1096,07	2,706	30
31	1098,47	2,369	88,86	2,708	1100,00	2,373	90,39	2,711	01,53	2,376	91,92	2,714	31
32	94,86	2,361	84,73	2,717	1096,39	2,365	86,25	2,720	1097,91	2,368	87,77	2,723	32
33	91,28	2,354	80,59	2,726	92,80	2,357	82,11	2,730	94,32	2,360	83,62	2,733	33
34	87,72	2,346	76,45	2,737	89,23	2,349	77,96	2,741	90,74	2,353	79,48	2,744	34
35	1084,18	2,338	1072,31	2,750	1085,69	2,342	1073,82	2,753	1087,20	2,345	1075,32	2,757	35
36	1080,67		1068,16		1082,17		1069,66		1083,67		1071,16		36
t^0	γ mg	β mm	γ mg	β mm	γ mg	β mm	γ mg	β mm	γ mg	β mm	γ mg	β mm	t^0

Riefler.

	722 mm				723 mm				724 mm				
	Trockene Luft Air sec Dry air		50% feuchte Luft Air avec 50% d'humidité Air with 50% of moisture		Trockene Luft Air sec Dry air		50% feuchte Luft Air avec 50% d'humidité Air with 50% of moisture		Trockene Luft Air sec Dry air		50% feuchte Luft Air avec 50% d'humidité Air with 50% of moisture		
t°	γ mg	β mm	γ mg	β mm	γ mg	β mm	γ mg	β mm	γ mg	β mm	γ mg	β mm	t°
−1°	1233,07		1231,71		1234,78		1233,41		1236,49		1235,12		−1°
−0°	1228,55	2,650	1227,08	2,709	1230,25	2,653	1228,79	2,712	1231,95	2,657	1230,49	2,716	0°
+1°	24,06	2,640	22,49	2,703	25,75	2,644	24,18	2,706	27,45	2,647	25,88	2,710	+1°
2	19,60	2,630	17,92	2,698	21,29	2,634	19,61	2,701	22,98	2,638	21,30	2,705	2
3	15,17	2,621	13,37	2,692	16,85	2,625	15,06	2,696	18,54	2,628	16,74	2,700	3
4	10,78	2,611	08,86	2,687	12,45	2,615	10,53	2,691	14,13	2,619	12,21	2,695	4
5	1206,41	2,602	1204,36	2,682	1208,08	2,606	1206,03	2,686	1209,75	2,609	1207,70	2,690	5
6	02,08	2,593	1199,89	2,678	03,74	2,596	01,56	2,682	05,41	2,600	03,22	2,686	6
7	1197,78	2,583	95,44	2,674	1199,44	2,587	1197,10	2,678	01,10	2,591	1198,76	2,682	7
8	93,51	2,574	91,02	2,671	95,16	2,578	92,67	2,674	1196,81	2,581	94,32	2,678	8
9	89,27	2,565	86,61	2,668	90,92	2,569	88,26	2,671	92,56	2,572	89,91	2,675	9
10	1185,06	2,556	1182,23	2,665	1186,70	2,560	1183,87	2,668	1188,34	2,563	1185,51	2,672	10
11	80,88	2,547	77,87	2,662	82,51	2,550	79,50	2,666	84,15	2,554	81,14	2,669	11
12	76,73	2,538	73,52	2,660	78,36	2,542	75,15	2,664	79,99	2,545	76,78	2,667	12
13	72,60	2,529	69,19	2,658	74,23	2,533	70,82	2,662	75,85	2,536	72,44	2,665	13
14	68,51	2,520	64,89	2,657	70,13	2,524	66,51	2,660	71,75	2,527	68,12	2,664	14
15	1164,45	2,512	1160,60	2,657	1166,06	2,515	1162,21	2,660	1167,67	2,518	1163,82	2,664	15
16	60,41	2,503	56,32	2,656	62,02	2,506	57,92	2,660	63,62	2,510	59,53	2,663	16
17	56,40	2,494	52,06	2,656	58,00	2,498	53,66	2,660	59,60	2,501	55,26	2,663	17
18	52,42	2,486	47,81	2,657	54,02	2,489	49,40	2,661	55,61	2,492	51,00	2,664	18
19	48,47	2,477	43,57	2,658	50,06	2,480	45,16	2,661	51,65	2,484	46,76	2,665	19
20	1144,54	2,469	1139,35	2,660	1146,13	2,472	1140,94	2,663	1147,71	2,475	1142,52	2,667	20
21	40,64	2,460	35,14	2,662	42,22	2,464	36,72	2,666	43,80	2,467	38,30	2,669	21
22	36,77	2,452	30,94	2,664	38,34	2,455	32,52	2,668	39,92	2,459	34,09	2,671	22
23	32,92	2,444	26,75	2,668	34,49	2,447	28,32	2,671	36,06	2,450	29,89	2,674	23
24	29,10	2,435	22,57	2,672	30,66	2,439	24,13	2,675	32,23	2,442	25,70	2,679	24
25	1125,30	2,427	1118,39	2,677	1126,86	2,430	1119,95	2,680	1128,42	2,434	1121,51	2,684	25
26	21,53	2,419	14,23	2,681	23,09	2,422	15,78	2,685	24,64	2,426	17,33	2,688	26
27	17,79	2,411	10,06	2,687	19,34	2,414	11,61	2,691	20,88	2,418	13,16	2,694	27
28	14,07	2,403	05,90	2,693	15,61	2,406	07,45	2,697	17,15	2,410	08,99	2,700	28
29	10,37	2,395	01,75	2,700	11,91	2,398	03,29	2,704	13,45	2,402	04,83	2,707	29
30	1106,70	2,387	1097,60	2,709	1108,23	2,390	1099,13	2,713	1109,77	2,394	1100,66	2,716	30
31	03,05	2,379	93,45	2,717	04,58	2,382	94,97	2,721	06,11	2,386	1096,50	2,724	31
32	1099,43	2,371	89,30	2,726	00,95	2,375	90,82	2,730	02,48	2,378	92,34	2,733	32
33	95,83	2,364	85,14	2,736	1097,35	2,367	86,66	2,740	1098,87	2,370	88,18	2,743	33
34	92,26	2,356	80,99	2,747	93,77	2,359	82,50	2,750	95,28	2,362	84,01	2,754	34
35	1088,71	2,348	1076,83	2,760	1090,21	2,351	1078,34	2,763	1091,72	2,355	1079,85	2,766	35
36	1085,18		1072,67		1086,68		1074,17		1088,18		1075,67		36
t°	γ mg	β mm	γ mg	β mm	γ mg	β mm	γ mg	β mm	γ mg	β mm	γ mg	β mm	t°

	725 mm				726 mm				727 mm				
	Trockene Luft Air sec Dry air		50% feuchte Luft Air avec 50% d'humidité Air with 50% of moisture		Trockene Luft Air sec Dry air		50% feuchte Luft Air avec 50% d'humidité Air with 50% of moisture		Trockene Luft Air sec Dry air		50% feuchte Luft Air avec 50% d'humidité Air with 50% of moisture		
t^0	γ mg	β mm	γ mg	β mm	γ mg	β mm	γ mg	β mm	γ mg	β mm	γ mg	β mm	t^0
−1°	1238,20		1236,83		1239,91		1238,54		1241,61		1240,25		−1°
0°	1233,65	2,661	1232,19	2,720	1235,36	2,664	1233,89	2,723	1237,06	2,668	1235,59	2,727	0°
+1°	29,14	2,651	27,57	2,714	30,84	2,655	29,27	2,717	32,53	2,658	30,97	2,721	+1°
2	24,67	2,641	22,99	2,708	26,35	2,645	24,68	2,712	28,04	2,649	26,37	2,716	2
3	20,22	2,632	18,42	2,703	21,90	2,635	20,11	2,707	23,59	2,639	21,79	2,711	3
4	15,81	2,622	13,89	2,698	17,48	2,626	15,56	2,702	19,16	2,630	17,24	2,705	4
5	1211,42	2,613	1209,37	2,693	1213,10	2,616	1211,05	2,697	1214,77	2,620	1212,72	2,700	5
6	07,07	2,603	04,89	2,689	08,74	2,607	06,55	2,693	10,40	2,611	08,22	2,696	6
7	02,76	2,594	00,42	2,685	04,41	2,598	02,08	2,689	06,07	2,601	03,74	2,692	7
8	1198,47	2,585	1195,98	2,681	00,12	2,588	1197,63	2,685	01,77	2,592	1199,28	2,688	8
9	94,21	2,576	91,56	2,678	1195,86	2,579	93,20	2,682	1197,50	2,583	94,85	2,685	9
10	1189,98	2,567	1187,15	2,675	1191,62	2,570	1188,80	2,679	1193,26	2,574	1190,44	2,683	10
11	85,78	2,558	82,77	2,673	87,42	2,561	84,41	2,676	89,06	2,565	86,04	2,680	11
12	81,62	2,549	78,41	2,671	83,25	2,552	80,04	2,674	84,88	2,556	81,67	2,678	12
13	77,48	2,540	74,07	2,669	79,10	2,543	75,69	2,672	80,73	2,547	77,31	2,676	13
14	73,37	2,531	69,74	2,667	74,99	2,534	71,36	2,671	76,60	2,538	72,98	2,674	14
15	1169,29	2,522	1165,43	2,667	1170,90	2,525	1167,05	2,671	1172,51	2,529	1168,66	2,674	15
16	65,23	2,513	61,14	2,666	66,84	2,517	62,75	2,670	68,45	2,520	64,35	2,673	16
17	61,21	2,505	56,86	2,667	62,81	2,508	58,46	2,670	64,41	2,511	60,07	2,674	17
18	57,21	2,496	52,60	2,668	58,81	2,499	54,19	2,671	60,40	2,503	55,79	2,675	18
19	53,24	2,487	48,35	2,668	54,83	2,491	49,94	2,672	56,42	2,494	51,53	2,675	19
20	1149,30	2,479	1144,11	2,670	1150,88	2,482	1145,69	2,674	1152,47	2,486	1147,28	2,677	20
21	45,38	2,470	39,88	2,672	46,96	2,474	41,46	2,676	48,54	2,477	43,04	2,679	21
22	41,49	2,462	35,67	2,675	43,06	2,465	37,24	2,678	44,64	2,469	38,81	2,681	22
23	37,63	2,454	31,46	2,678	39,20	2,457	33,03	2,681	40,77	2,460	34,60	2,685	23
24	33,79	2,445	27,26	2,682	35,35	2,449	28,83	2,685	36,92	2,452	30,39	2,689	24
25	1129,98	2,437	1123,07	2,687	1131,54	2,441	1124,63	2,690	1133,10	2,444	1126,19	2,694	25
26	26,19	2,429	18,89	2,691	27,75	2,432	20,44	2,695	29,30	2,436	21,99	2,698	26
27	22,43	2,421	14,71	2,697	23,98	2,424	16,26	2,701	25,53	2,428	17,80	2,704	27
28	18,70	2,413	10,53	2,703	20,24	2,416	12,08	2,707	21,78	2,419	13,62	2,710	28
29	14,99	2,405	06,37	2,710	16,52	2,408	07,90	2,714	18,06	2,411	09,44	2,717	29
30	1111,30	2,397	1102,20	2,719	1112,83	2,400	1103,73	2,723	1114,37	2,403	1105,26	2,726	30
31	07,64	2,389	1098,03	2,727	09,17	2,392	1099,56	2,731	10,69	2,396	01,08	2,734	31
32	04,00	2,381	93,86	2,736	05,52	2,384	95,39	2,739	07,05	2,388	1096,91	2,743	32
33	00,39	2,373	89,70	2,746	01,90	2,377	91,21	2,749	03,42	2,380	92,73	2,753	33
34	1096,80	2,366	85,53	2,757	1098,31	2,369	87,04	2,760	1099,82	2,372	88,55	2,763	34
35	1093,23	2,358	1081,35	2,770	1094,74	2,361	1082,86	2,773	1096,24	2,364	1084,37	2,776	35
36	1089,69		1077,18		1091,19		1078,68		1092,69		1080,18		36
t^0	γ mg	β mm	γ mg	β mm	γ mg	β mm	γ mg	β mm	γ mg	β mm	γ mg	β mm	t^0

	728 mm				729 mm				730 mm				
	Trockene Luft Air sec Dry air		50% feuchte Luft Air avec 50% d'humidité Air with 50% of moisture		Trockene Luft Air sec Dry air		50% feuchte Luft Air avec 50% d'humidité Air with 50% of moisture		Trockene Luft Air sec Dry air		50% feuchte Luft Air avec 50% d'humidité Air with 50% of moisture		
t^0	γ mg	β mm	γ mg	β mm	γ mg	β mm	γ mg	β mm	γ mg	β mm	γ mg	β mm	t^0
—1°	1243,32		1241,95		1245,03		1243,66		1246,74		1245,37		—1°
0°	1238,76	2,672	1237,29	2,731	1240,46	2,675	1238,99	2,734	1242,16	2,679	1240,70	2,738	0°
+1°	34,23	2,662	32,66	2,725	35,92	2,666	34,36	2,728	37,62	2,669	36,05	2,732	+1°
2	29,73	2,652	28,05	2,719	31,42	2,656	29,74	2,723	33,11	2,660	31,43	2,727	2
3	25,27	2,643	23,47	2,714	26,95	2,646	25,16	2,718	28,63	2,650	26,84	2,721	3
4	20,84	2,633	18,92	2,709	22,51	2,637	20,60	2,713	24,19	2,640	22,27	2,716	4
5	1216,44	2,624	1214,39	2,704	1218,11	2,627	1216,06	2,708	1219,78	2,631	1217,73	2,711	5
6	12,07	2,614	09,88	2,700	13,73	2,618	11,55	2,704	15,40	2,621	13,21	2,707	6
7	07,73	2,605	05,40	2,696	09,39	2,608	07,06	2,700	11,05	2,612	08,71	2,703	7
8	03,43	2,596	00,94	2,692	05,08	2,599	02,59	2,696	06,73	2,603	04,24	2,699	8
9	1199,15	2,586	1196,50	2,689	00,80	2,590	1198,14	2,693	02,45	2,593	1199,79	2,696	9
10	1194,91	2,577	1192,08	2,686	1196,55	2,581	1193,72	2,690	1198,19	2,584	1195,36	2,693	10
11	90,69	2,568	87,68	2,683	92,33	2,572	89,31	2,687	93,96	2,575	90,95	2,690	11
12	86,51	2,559	83,30	2,681	88,14	2,563	84,93	2,685	89,76	2,566	86,56	2,688	12
13	82,35	2,550	78,94	2,679	83,97	2,554	80,56	2,683	85,60	2,557	82,19	2,686	13
14	78,22	2,541	74,60	2,678	79,84	2,545	76,22	2,681	81,46	2,548	77,83	2,685	14
15	1174,12	2,532	1170,27	2,678	1175,74	2,536	1171,88	2,681	1177,35	2,539	1173,50	2,685	15
16	70,05	2,524	65,96	2,677	71,66	2,527	67,57	2,680	73,27	2,531	69,18	2,684	16
17	66,01	2,515	61,67	2,677	67,61	2,518	63,27	2,680	69,21	2,522	64,87	2,684	17
18	62,00	2,506	57,39	2,678	63,59	2,510	58,98	2,682	65,19	2,513	60,58	2,685	18
19	58,01	2,498	53,12	2,678	59,60	2,501	54,71	2,682	61,19	2,504	56,30	2,685	19
20	1154,05	2,489	1148,86	2,681	1155,64	2,493	1150,45	2,684	1157,22	2,496	1152,04	2,687	20
21	50,12	2,481	44,62	2,683	51,70	2,484	46,20	2,686	53,28	2,487	47,78	2,689	21
22	46,21	2,472	40,39	2,685	47,79	2,476	41,96	2,688	49,36	2,479	43,54	2,692	22
23	42,33	2,464	36,17	2,688	43,90	2,467	37,73	2,691	45,47	2,471	39,30	2,695	23
24	38,48	2,456	31,95	2,692	40,05	2,459	33,52	2,695	41,61	2,462	35,08	2,699	24
25	1134,65	2,447	1127,75	2,697	1136,21	2,451	1129,30	2,701	1137,77	2,454	1130,86	2,704	25
26	30,85	2,439	23,55	2,701	32,41	2,442	25,10	2,705	33,96	2,446	26,65	2,708	26
27	27,08	2,431	19,35	2,707	28,63	2,434	20,90	2,711	30,17	2,438	22,45	2,714	27
28	23,33	2,423	15,16	2,713	24,87	2,426	16,71	2,717	26,41	2,429	18,25	2,720	28
29	19,60	2,415	10,98	2,720	21,14	2,418	12,52	2,724	22,68	2,421	14,06	2,727	29
30	1115,90	2,407	1106,80	2,729	1117,43	2,410	1108,33	2,733	1118,96	2,413	1109,86	2,736	30
31	12,22	2,399	02,61	2,737	13,75	2,402	04,14	2,740	15,28	2,405	05,67	2,744	31
32	08,57	2,391	1098,43	2,746	10,09	2,394	1099,95	2,749	11,61	2,398	01,48	2,753	32
33	04,94	2,383	94,25	2,756	06,46	2,386	95,77	2,759	07,98	2,390	1097,28	2,762	33
34	01,33	2,375	90,07	2,767	02,85	2,379	91,58	2,770	04,36	2,382	93,09	2,773	34
35	1097,75	2,368	1085,88	2,779	1099,26	2,371	1087,39	2,783	1100,77	2,374	1088,89	2,786	35
36	1094,19		1081,68		1095,70		1083,19		1097,20		1084,69		36
t^0	γ mg	β mm	γ mg	β mm	γ mg	β mm	γ mg	β mm	γ mg	β mm	γ mg	β mm	t^0

	731 mm				732 mm				733 mm				
	Trockene Luft / Air sec / Dry air		50% feuchte Luft / Air avec 50% d'humidité / Air with 50% of moisture		Trockene Luft / Air sec / Dry air		50% feuchte Luft / Air avec 50% d'humidité / Air with 50% of moisture		Trockene Luft / Air sec / Dry air		50% feuchte Luft / Air avec 50% d'humidité / Air with 50% of moisture		
t⁰	γ mg	β mm	γ mg	β mm	γ mg	β mm	γ mg	β mm	γ mg	β mm	γ mg	β mm	t⁰
−1⁰	1248,45		1247,08		1250,15		1248,79		1251,86		1250,49		−1⁰
0⁰	1243,86	2,683	1242,40	2,742	1245,57	2,686	1244,10	2,746	1247,27	2,690	1245,80	2,749	0⁰
+1⁰	39,32	2,673	37,75	2,736	41,01	2,677	39,44	2,739	42,71	2,680	41,14	2,743	+1⁰
2	34,80	2,663	33,12	2,730	36,49	2,667	34,81	2,734	38,18	2,671	36,50	2,738	2
3	30,32	2,654	28,52	2,725	32,00	2,657	30,21	2,729	33,68	2,661	31,89	2,732	3
4	25,87	2,644	23,95	2,720	27,55	2,648	25,63	2,724	29,22	2,651	27,30	2,727	4
5	1221,45	2,634	1219,40	2,715	1223,12	2,638	1221,07	2,718	1224,79	2,642	1222,74	2,722	5
6	17,06	2,625	14,88	2,711	18,73	2,629	16,54	2,714	20,39	2,632	18,21	2,718	6
7	12,71	2,616	10,37	2,707	14,37	2,619	12,03	2,710	16,03	2,623	13,69	2,714	7
8	08,39	2,606	05,90	2,703	10,04	2,610	07,55	2,706	11,69	2,613	09,20	2,710	8
9	04,09	2,597	01,44	2,700	05,74	2,601	03,09	2,703	07,39	2,604	04,73	2,707	9
10	1199,83	2,588	1197,00	2,697	1201,47	2,591	1198,64	2,700	1203,11	2,595	1200,29	2,704	10
11	95,60	2,579	92,59	2,694	1197,23	2,582	94,22	2,697	1198,87	2,586	1195,86	2,701	11
12	91,39	2,570	88,19	2,692	93,02	2,573	89,82	2,695	94,65	2,577	91,45	2,699	12
13	87,22	2,561	83,81	2,690	88,85	2,564	85,44	2,693	90,47	2,568	87,06	2,697	13
14	83,08	2,552	79,45	2,688	84,70	2,555	81,07	2,692	86,31	2,559	82,69	2,695	14
15	1178,96	2,543	1175,11	2,688	1180,57	2,546	1176,72	2,692	1182,19	2,550	1178,34	2,695	15
16	74,88	2,534	70,78	2,687	76,48	2,537	72,39	2,691	78,09	2,541	74,00	2,694	16
17	70,82	2,525	66,47	2,687	72,42	2,529	68,07	2,691	74,02	2,532	69,68	2,694	17
18	66,79	2,517	62,17	2,688	68,38	2,520	63,77	2,692	69,98	2,523	65,37	2,695	18
19	62,78	2,508	57,89	2,689	64,37	2,511	59,48	2,692	65,96	2,515	61,07	2,696	19
20	1158,81	2,499	1153,62	2,691	1160,39	2,503	1155,21	2,694	1161,98	2,506	1156,79	2,698	20
21	54,86	2,491	49,36	2,693	56,44	2,494	50,94	2,696	58,02	2,498	52,52	2,700	21
22	50,94	2,482	45,11	2,695	52,51	2,486	46,69	2,698	54,09	2,489	48,26	2,702	22
23	47,04	2,474	40,87	2,698	48,61	2,477	42,44	2,702	50,18	2,481	44,01	2,705	23
24	43,17	2,466	36,64	2,702	44,74	2,469	38,21	2,706	46,30	2,472	39,77	2,709	24
25	1139,33	2,457	1132,42	2,707	1140,89	2,461	1133,98	2,711	1142,45	2,464	1135,54	2,714	25
26	35,51	2,449	28,21	2,711	37,07	2,452	29,76	2,715	38,62	2,456	31,31	2,718	26
27	31,72	2,441	24,00	2,717	33,27	2,444	25,55	2,721	34,82	2,448	27,09	2,724	27
28	27,96	2,433	19,79	2,723	29,50	2,436	21,33	2,727	31,04	2,439	22,88	2,730	28
29	24,21	2,425	15,59	2,730	25,75	2,428	17,13	2,734	27,29	2,431	18,67	2,737	29
30	1120,50	2,417	1111,39	2,739	1122,03	2,420	1112,93	2,742	1123,56	2,423	1114,46	2,746	30
31	16,80	2,409	07,20	2,747	18,33	2,412	08,72	2,750	19,86	2,415	10,25	2,754	31
32	13,14	2,401	03,00	2,756	14,66	2,404	04,52	2,759	16,18	2,407	06,05	2,762	32
33	09,49	2,393	1098,80	2,766	11,01	2,396	00,32	2,769	12,53	2,400	01,84	2,772	33
34	05,87	2,385	94,60	2,776	07,39	2,388	1096,12	2,780	08,90	2,392	1097,63	2,783	34
35	1102,28	2,377	1090,40	2,789	1103,78	2,381	1091,91	2,792	1105,29	2,384	1093,42	2,796	35
36	1098,70		1086,19		1100,21		1087,70		1101,71		1089,20		36
t⁰	γ mg	β mm	γ mg	β mm	γ mg	β mm	γ mg	β mm	γ mg	β mm	γ mg	β mm	t⁰

	734 mm				735 mm				736 mm				
	Trockene Luft Air sec Dry air		50% feuchte Luft Air avec 50% d'humidité Air with 50% of moisture		Trockene Luft Air sec Dry air		50% feuchte Luft Air avec 50% d'humidité Air with 50% of moisture		Trockene Luft Air sec Dry air		50% feuchte Luft Air avec 50% d'humidité Air with 50% of moisture		
t°	γ mg	β mm	γ mg	β mm	γ mg	β mm	γ mg	β mm	γ mg	β mm	γ mg	β mm	t°
−1°	1253,57		1252,20		1255,28		1253,91		1256,98		1255,62		−1°
0°	1248,97	2,694	1247,50	2,753	1250,67	2,697	1249,20	2,757	1252,37	2,701	1250,91	2,760	0°
+1°	44,40	2,684	42,83	2,747	46,10	2,688	44,53	2,750	47,79	2,691	46,22	2,754	+1°
2	39,87	2,674	38,19	2,741	41,56	2,678	39,88	2,745	43,25	2,681	41,57	2,749	2
3	35,37	2,664	33,57	2,736	37,05	2,668	35,25	2,740	38,73	2,672	36,94	2,743	3
4	30,90	2,655	28,98	2,731	32,58	2,658	30,66	2,734	34,25	2,662	32,33	2,738	4
5	1226,46	2,645	1224,41	2,726	1228,13	2,649	1226,08	2,729	1229,80	2,652	1227,75	2,733	5
6	22,06	2,636	19,87	2,722	23,72	2,639	21,54	2,725	25,39	2,643	23,20	2,729	6
7	17,69	2,626	15,35	2,717	19,35	2,630	17,01	2,721	21,00	2,633	18,67	2,725	7
8	13,34	2,617	10,86	2,713	15,00	2,621	12,51	2,717	16,65	2,624	14,16	2,721	8
9	09,03	2,608	06,38	2,710	10,68	2,611	08,03	2,714	12,33	2,615	09,67	2,717	9
10	1204,75	2,598	1201,93	2,707	1206,40	2,602	1203,57	2,711	1208,04	2,606	1205,21	2,714	10
11	00,50	2,589	1197,49	2,704	02,14	2,593	1199,13	2,708	03,78	2,596	00,76	2,711	11
12	1196,28	2,580	93,08	2,702	1197,91	2,584	94,71	2,706	1199,54	2,587	1196,34	2,709	12
13	92,09	2,571	88,68	2,700	93,72	2,575	90,31	2,704	95,34	2,578	91,93	2,707	13
14	87,93	2,562	84,31	2,699	89,55	2,566	85,93	2,702	91,17	2,569	87,55	2,706	14
15	1183,80	2,553	1179,95	2,699	1185,41	2,557	1181,56	2,702	1187,03	2,560	1183,17	2,706	15
16	79,70	2,544	75,60	2,698	81,30	2,548	77,21	2,701	82,91	2,551	78,82	2,705	16
17	75,62	2,536	71,28	2,698	77,22	2,539	72,88	2,701	78,82	2,543	74,48	2,705	17
18	71,57	2,527	66,96	2,699	73,17	2,530	68,56	2,702	74,77	2,534	70,15	2,706	18
19	67,56	2,518	62,66	2,699	69,15	2,522	64,25	2,702	70,74	2,525	65,84	2,706	19
20	1163,56	2,510	1158,38	2,701	1165,15	2,513	1159,96	2,704	1166,73	2,516	1161,55	2,708	20
21	59,60	2,501	54,10	2,703	61,18	2,504	55,68	2,707	62,76	2,508	57,26	2,710	21
22	55,66	2,493	49,84	2,705	57,24	2,496	51,41	2,709	58,81	2,499	52,98	2,712	22
23	51,75	2,484	45,58	2,708	53,32	2,488	47,15	2,712	54,89	2,491	48,72	2,715	23
24	47,86	2,476	41,34	2,712	49,43	2,479	42,90	2,716	50,99	2,482	44,46	2,719	24
25	1144,01	2,467	1137,10	2,717	1145,56	2,471	1138,66	2,721	1147,12	2,474	1140,21	2,724	25
26	40,17	2,459	32,87	2,721	41,73	2,463	34,42	2,725	43,28	2,466	35,97	2,728	26
27	36,37	2,451	28,64	2,727	37,91	2,454	30,19	2,731	39,46	2,458	31,74	2,734	27
28	32,58	2,443	24,42	2,733	34,13	2,446	25,96	2,737	35,67	2,449	27,51	2,740	28
29	28,83	2,435	20,21	2,740	30,37	2,438	21,74	2,744	31,90	2,441	23,28	2,747	29
30	1125,10	2,427	1115,99	2,749	1126,63	2,430	1117,52	2,752	1128,16	2,433	1119,06	2,756	30
31	21,39	2,419	11,78	2,757	22,92	2,422	13,31	2,760	24,44	2,425	14,83	2,764	31
32	17,71	2,411	07,57	2,766	19,23	2,414	09,09	2,769	20,75	2,417	10,61	2,772	32
33	14,05	2,403	03,36	2,776	15,56	2,406	04,87	2,779	17,08	2,409	06,39	2,782	33
34	10,41	2,395	1099,14	2,786	11,92	2,398	1100,66	2,789	13,44	2,401	02,17	2,793	34
35	1106,80	2,387	1094,93	2,799	1108,31	2,390	1096,43	2,802	1109,82	2,394	1097,94	2,805	35
36	1103,21		1090,70		1104,72		1092,21		1106,22		1093,71		36
t°	γ mg	β mm	γ mg	β mm	γ mg	β mm	γ mg	β mm	γ mg	β mm	γ mg	β mm	t°

	737 mm				738 mm				739 mm				
	Trockene Luft Air sec Dry air		50% feuchte Luft Air avec 50% d'humidité Air with 50% of moisture		Trockene Luft Air sec Dry air		50% feuchte Luft Air avec 50% d'humidité Air with 50% of moisture		Trockene Luft Air sec Dry air		50% feuchte Luft Air avec 50% d'humidité Air with 50% of moisture		
t^0	γ mg	β mm	γ mg	β mm	γ mg	β mm	γ mg	β mm	γ mg	β mm	γ mg	β mm	t^0
—1°	1258,69		1257,32		1260,40		1259,03		1262,11		1260,74		—1°
0°	1254,07	2,705	1252,61	2,764	1255,77	2,708	1254,31	2,768	1257,48	2,712	1256,01	2,771	0°
+1°	49,49	2,695	47,92	2,758	51,18	2,699	49,61	2,761	52,88	2,702	51,31	2,765	+1°
2	44,94	2,685	43,26	2,752	46,62	2,689	44,95	2,756	48,31	2,692	46,64	2,759	2
3	40,42	2,675	38,62	2,747	42,10	2,679	40,30	2,751	43,78	2,683	41,99	2,754	3
4	35,93	2,666	34,01	2,742	37,61	2,669	35,69	2,745	39,28	2,673	37,37	2,749	4
5	1231,48	2,656	1229,43	2,736	1233,15	2,660	1231,10	2,740	1234,82	2,663	1232,77	2,744	5
6	27,05	2,647	24,87	2,732	28,72	2,650	26,53	2,736	30,38	2,654	28,20	2,739	6
7	22,66	2,637	20,33	2,728	24,32	2,641	21,99	2,732	25,98	2,644	23,65	2,735	7
8	18,30	2,628	15,81	2,724	19,96	2,631	17,47	2,728	21,61	2,635	19,12	2,731	8
9	13,98	2,618	11,32	2,721	15,62	2,622	12,97	2,725	17,27	2,625	14,62	2,728	9
10	1209,68	2,609	1206,85	2,718	1211,32	2,613	1208,49	2,721	1212,96	2,616	1210,13	2,725	10
11	05,41	2,600	02,40	2,715	07,05	2,603	04,03	2,718	08,68	2,607	05,67	2,722	11
12	01,17	2,591	1197,97	2,713	02,80	2,594	1199,60	2,716	04,43	2,598	01,23	2,720	12
13	1196,97	2,582	93,56	2,711	1198,59	2,585	95,18	2,714	00,21	2,589	1196,80	2,718	13
14	92,79	2,573	89,16	2,709	94,41	2,576	90,78	2,712	1196,02	2,580	92,40	2,716	14
15	1188,64	2,564	1184,79	2,709	1190,25	2,567	1186,40	2,712	1191,86	2,571	1188,01	2,716	15
16	84,52	2,555	80,43	2,708	86,13	2,558	82,03	2,712	87,73	2,562	83,64	2,715	16
17	80,43	2,546	76,08	2,708	82,03	2,549	77,68	2,712	83,63	2,553	79,29	2,715	17
18	76,36	2,537	71,75	2,709	77,96	2,541	73,35	2,713	79,56	2,544	74,94	2,716	18
19	72,33	2,529	67,43	2,709	73,92	2,532	69,02	2,713	75,51	2,535	70,62	2,716	19
20	1168,32	2,520	1163,13	2,711	1169,90	2,523	1164,72	2,715	1171,49	2,527	1166,30	2,718	20
21	64,34	2,511	58,84	2,713	65,92	2,515	60,42	2,717	67,50	2,518	62,00	2,720	21
22	60,38	2,503	54,56	2,715	61,96	2,506	56,13	2,719	63,53	2,510	57,71	2,722	22
23	56,46	2,494	50,29	2,718	58,03	2,498	51,86	2,722	59,60	2,501	53,43	2,725	23
24	52,56	2,486	46,03	2,722	54,12	2,489	47,59	2,726	55,68	2,493	49,16	2,729	24
25	1148,68	2,478	1141,77	2,727	1150,24	2,481	1143,33	2,731	1151,80	2,484	1144,89	2,734	25
26	44,83	2,469	37,53	2,731	46,39	2,473	39,08	2,735	47,94	2,476	40,63	2,738	26
27	41,01	2,461	33,29	2,737	42,56	2,464	34,83	2,741	44,11	2,468	36,38	2,744	27
28	37,21	2,453	29,05	2,743	38,76	2,456	30,59	2,747	40,30	2,459	32,14	2,750	28
29	33,44	2,445	24,82	2,750	34,98	2,448	26,36	2,754	36,52	2,451	27,90	2,757	29
30	1129,69	2,437	1120,59	2,759	1131,23	2,440	1122,12	2,762	1132,76	2,443	1123,66	2,766	30
31	25,97	2,429	16,36	2,767	27,50	2,432	17,89	2,770	29,03	2,435	19,42	2,773	31
32	22,27	2,421	12,14	2,776	23,80	2,424	13,66	2,779	25,32	2,427	15,18	2,782	32
33	18,60	2,413	07,91	2,785	20,12	2,416	09,43	2,789	21,64	2,419	10,94	2,792	33
34	14,95	2,405	03,68	2,796	16,46	2,408	05,19	2,799	17,98	2,411	06,71	2,803	34
35	1111,32	2,397	1099,45	2,809	1112,83	2,400	1100,96	2,812	1114,34	2,403	1102,47	2,815	35
36	1107,72		1095,21		1109,22		1096,71		1110,73		1098,22		36
t^0	γ mg	β mm	γ mg	β mm	γ mg	β mm	γ mg	β mm	γ mg	β mm	γ mg	β mm	t^0

	740 mm				741 mm				742 mm				
	Trockene Luft Air sec Dry air		50% feuchte Luft Air avec 50% d'humidité Air with 50% of moisture		Trockene Luft Air sec Dry air		50% feuchte Luft Air avec 50% d'humidité Air with 50% of moisture		Trockene Luft Air sec Dry air		50% feuchte Luft Air avec 50% d'humidité Air with 50% of moisture		
t^0	γ mg	β mm	γ mg	β mm	γ mg	β mm	γ mg	β mm	γ mg	β mm	γ mg	β mm	t^0
−1°	1263,82		1262,45		1265,52		1264,16		1267,23		1265,86		−1°
0°	1259,18	2,716	1257,71	2,775	1260,88	2,720	1259,41	2,779	1262,58	2,723	1261,12	2,782	0°
+1°	54,57	2,706	53,00	2,768	56,27	2,710	54,70	2,772	57,96	2,713	56,40	2,776	+1°
2	50,00	2,696	48,33	2,763	51,69	2,700	50,01	2,767	53,38	2,703	51,70	2,770	2
3	45,47	2,686	43,67	2,758	47,15	2,690	45,35	2,761	48,83	2,694	47,04	2,765	3
4	40,96	2,677	39,04	2,752	42,64	2,680	40,72	2,756	44,31	2,684	42,40	2,760	4
5	1236,49	2,667	1234,44	2,747	1238,16	2,671	1236,11	2,751	1239,83	2,674	1237,78	2,754	5
6	32,05	2,657	29,86	2,743	33,71	2,661	31,53	2,747	35,38	2,665	33,19	2,750	6
7	27,64	2,648	25,30	2,739	29,30	2,651	26,96	2,742	30,96	2,655	28,62	2,746	7
8	23,26	2,638	20,77	2,735	24,92	2,642	22,43	2,738	26,57	2,646	24,08	2,742	8
9	18,92	2,629	16,26	2,732	20,56	2,633	17,91	2,735	22,21	2,636	19,56	2,739	9
10	1214,60	2,620	1211,77	2,729	1216,24	2,623	1213,42	2,732	1217,88	2,627	1215,06	2,736	10
11	10,32	2,610	07,31	2,726	11,95	2,614	08,94	2,729	13,59	2,618	10,58	2,733	11
12	06,06	2,601	02,86	2,723	07,69	2,605	04,49	2,727	09,32	2,608	06,12	2,730	12
13	01,84	2,592	1198,43	2,721	03,46	2,596	00,05	2,725	05,09	2,599	01,68	2,728	13
14	1197,64	2,583	94,02	2,719	1199,26	2,587	1195,64	2,723	00,88	2,590	1197,26	2,726	14
15	1193,48	2,574	1189,63	2,719	1195,09	2,578	1191,24	2,723	1196,70	2,581	1192,85	2,726	15
16	89,34	2,565	85,25	2,718	90,95	2,569	86,85	2,722	92,55	2,572	88,46	2,725	16
17	85,23	2,556	80,89	2,718	86,83	2,560	82,49	2,722	88,43	2,563	84,09	2,725	17
18	81,15	2,548	76,54	2,719	82,75	2,551	78,14	2,723	84,34	2,554	79,73	2,726	18
19	77,10	2,539	72,21	2,720	78,69	2,542	73,80	2,723	80,28	2,546	75,39	2,726	19
20	1173,07	2,530	1167,89	2,722	1174,66	2,534	1169,47	2,725	1176,24	2,537	1171,06	2,728	20
21	69,08	2,521	63,58	2,724	70,66	2,525	65,16	2,727	72,24	2,528	66,74	2,730	21
22	65,11	2,513	59,28	2,726	66,68	2,516	60,86	2,729	68,26	2,520	62,43	2,732	22
23	61,16	2,504	54,99	2,729	62,73	2,508	56,56	2,732	64,30	2,511	58,13	2,735	23
24	57,25	2,496	50,72	2,733	58,81	2,499	52,28	2,736	60,38	2,503	53,85	2,739	24
25	1153,36	2,488	1146,45	2,737	1154,92	2,491	1148,01	2,741	1156,47	2,494	1149,57	2,744	25
26	49,49	2,479	42,19	2,741	51,05	2,483	43,74	2,745	52,60	2,486	45,29	2,748	26
27	45,66	2,471	37,93	2,747	47,20	2,474	39,48	2,751	48,75	2,478	41,03	2,754	27
28	41,84	2,463	33,68	2,753	43,39	2,466	35,22	2,757	44,93	2,469	36,76	2,760	28
29	38,05	2,455	29,43	2,760	39,59	2,458	30,97	2,763	41,13	2,461	32,51	2,767	29
30	1134,29	2,446	1125,19	2,769	1135,83	2,450	1126,72	2,772	1137,36	2,453	1128,25	2,776	30
31	30,55	2,438	20,95	2,777	32,08	2,442	22,47	2,780	33,61	2,445	24,00	2,783	31
32	26,84	2,430	16,70	2,785	28,36	2,434	18,23	2,789	29,89	2,437	19,75	2,792	32
33	23,15	2,422	12,46	2,795	24,67	2,426	13,98	2,798	26,19	2,429	15,50	2,802	33
34	19,49	2,415	08,22	2,806	21,00	2,418	09,73	2,809	22,51	2,421	11,25	2,812	34
35	1115,85	2,407	1103,97	2,818	1117,36	2,410	1105,48	2,822	1118,86	2,413	1106,99	2,825	35
36	1112,23		1099,72		1113,73		1101,22		1115,24		1102,73		36
t^0	γ mg	β mm	γ mg	β mm	γ mg	β mm	γ mg	β mm	γ mg	β mm	γ mg	β mm	t^0

	743 mm				744 mm				745 mm				
	Trockene Luft Air sec Dry air		50% feuchte Luft Air avec 50% d'humidité Air with 50% of moisture		Trockene Luft Air sec Dry air		50% feuchte Luft Air avec 50% d'humidité Air with 50% of moisture		Trockene Luft Air sec Dry air		50% feuchte Luft Air avec 50% d'humidité Air with 50% of moisture		
t^0	γ mg	β mm	γ mg	β mm	γ mg	β mm	γ mg	β mm	γ mg	β mm	γ mg	β mm	t^0
−1°	1268,94		1267,57		1270,65		1269,28		1272,36		1270,99		−1°
0°	1264,28	2,727	1262,82	2,786	1265,98	2,731	1264,52	2,790	1267,69	2,734	1266,22	2,793	0°
+1°	59,66	2,717	58,09	2,779	61,36	2,721	59,79	2,783	63,05	2,724	61,48	2,787	+1°
2	55,07	2,707	53,39	2,774	56,76	2,711	55,08	2,778	58,45	2,714	56,77	2,781	2
3	50,51	2,697	48,72	2,769	52,20	2,701	50,40	2,772	53,88	2,704	52,09	2,776	3
4	45,99	2,687	44,07	2,763	47,67	2,691	45,75	2,767	49,35	2,695	47,43	2,771	4
5	1241,50	2,678	1239,45	2,758	1243,17	2,681	1241,12	2,762	1244,84	2,685	1242,79	2,765	5
6	37,04	2,668	34,86	2,754	38,71	2,672	36,52	2,757	40,37	2,675	38,19	2,761	6
7	32,62	2,659	30,28	2,750	34,28	2,662	31,94	2,753	35,93	2,666	33,60	2,757	7
8	28,22	2,649	25,73	2,745	29,88	2,653	27,39	2,749	31,53	2,656	29,04	2,753	8
9	23,86	2,640	21,20	2,742	25,51	2,643	22,85	2,746	27,15	2,647	24,50	2,749	9
10	1219,53	2,630	1216,70	2,739	1221,17	2,634	1218,34	2,743	1222,81	2,637	1219,98	2,746	10
11	15,22	2,621	12,21	2,736	16,86	2,625	13,85	2,740	18,50	2,628	15,48	2,743	11
12	10,95	2,612	07,75	2,734	12,58	2,615	09,38	2,738	14,21	2,619	11,01	2,741	12
13	06,71	2,603	03,30	2,732	08,33	2,606	04,92	2,735	09,96	2,610	06,55	2,739	13
14	02,50	2,594	1198,87	2,730	04,12	2,597	00,49	2,733	05,74	2,601	02,11	2,737	14
15	1198,32	2,585	1194,46	2,730	1199,93	2,588	1196,08	2,733	1201,54	2,592	1197,69	2,737	15
16	94,16	2,576	90,07	2,729	95,77	2,579	91,68	2,732	1197,38	2,583	93,28	2,736	16
17	90,04	2,567	85,69	2,729	91,64	2,570	87,29	2,732	93,24	2,574	88,90	2,736	17
18	85,94	2,558	81,33	2,730	87,54	2,561	82,92	2,733	89,13	2,565	84,52	2,737	18
19	81,87	2,549	76,98	2,730	83,46	2,553	78,57	2,733	85,05	2,556	80,16	2,737	19
20	1177,83	2,540	1172,64	2,732	1179,42	2,544	1174,23	2,735	1181,00	2,547	1175,81	2,739	20
21	73,82	2,532	68,32	2,734	75,40	2,535	69,90	2,737	76,98	2,539	71,48	2,741	21
22	69,83	2,523	64,01	2,736	71,41	2,527	65,58	2,739	72,98	2,530	67,15	2,743	22
23	65,87	2,515	59,70	2,739	67,44	2,518	61,27	2,742	69,01	2,521	62,84	2,746	23
24	61,94	2,506	55,41	2,743	63,50	2,509	56,97	2,746	65,07	2,513	58,54	2,749	24
25	1158,03	2,498	1151,12	2,748	1159,59	2,501	1152,68	2,751	1161,15	2,504	1154,24	2,754	25
26	54,15	2,489	46,85	2,752	55,71	2,493	48,40	2,755	57,26	2,496	49,95	2,758	26
27	50,30	2,481	42,58	2,757	51,85	2,484	44,12	2,761	53,40	2,488	45,67	2,764	27
28	46,47	2,473	38,31	2,763	48,01	2,476	39,85	2,767	49,56	2,479	41,39	2,770	28
29	42,67	2,465	34,05	2,770	44,21	2,468	35,59	2,773	45,74	2,471	37,12	2,777	29
30	1138,89	2,456	1129,79	2,779	1140,42	2,460	1131,32	2,782	1141,96	2,463	1132,85	2,785	30
31	35,14	2,448	25,53	2,787	36,67	2,452	27,06	2,790	38,19	2,455	28,58	2,793	31
32	31,41	2,440	21,27	2,795	32,93	2,444	22,80	2,799	34,46	2,447	24,32	2,802	32
33	27,71	2,432	17,02	2,805	29,22	2,436	18,53	2,808	30,74	2,439	20,05	2,812	33
34	24,03	2,424	12,76	2,816	25,54	2,428	14,27	2,819	27,05	2,431	15,78	2,822	34
35	1120,37	2,416	1108,50	2,828	1121,88	2,420	1110,00	2,831	1123,39	2,423	1111,51	2,835	35
36	1116,74		1104,23		1118,24		1105,73		1119,75		1107,24		36
t^0	γ mg	β mm	γ mg	β mm	γ mg	β mm	γ mg	β mm	γ mg	β mm	γ mg	β mm	t^0

Riefler.

	746 mm				747 mm				748 mm				
	Trockene Luft Air sec Dry air		50% feuchte Luft Air avec 50% d'humidité Air with 50% of moisture		Trockene Luft Air sec Dry air		50% feuchte Luft Air avec 50% d'humidité Air with 50% of moisture		Trockene Luft Air sec Dry air		50% feuchte Luft Air avec 50% d'humidité Air with 50% of moisture		
t°	γ mg	β mm	γ mg	β mm	γ mg	β mm	γ mg	β mm	γ mg	β mm	γ mg	β mm	t°
—1°	1274,06		1272,70		1275,77		1274,40		1277,48		1276,11		—1°
0°	1269,39	2,738	1267,92	2,797	1271,09	2,742	1269,62	2,801	1272,79	2,745	1271,33	2,804	0°
+1°	64,75	2,728	63,18	2,790	66,44	2,732	64,87	2,794	68,14	2,735	66,57	2,798	+1°
2	60,14	2,718	58,46	2,785	61,83	2,722	60,15	2,789	63,52	2,725	61,84	2,792	2
3	55,56	2,708	53,77	2,780	57,25	2,712	55,45	2,783	58,93	2,715	57,13	2,787	3
4	51,02	2,698	49,10	2,774	52,70	2,702	50,78	2,778	54,38	2,705	52,46	2,781	4
5	1246,51	2,689	1244,46	2,769	1248,19	2,692	1246,13	2,773	1249,86	2,696	1247,81	2,776	5
6	42,04	2,679	39,85	2,765	43,70	2,682	41,52	2,768	45,37	2,686	43,18	2,772	6
7	37,59	2,669	35,26	2,760	39,25	2,673	36,92	2,764	40,91	2,676	38,58	2,768	7
8	33,18	2,660	30,69	2,756	34,83	2,663	32,35	2,760	36,49	2,667	34,00	2,763	8
9	28,80	2,650	26,15	2,753	30,45	2,654	27,79	2,757	32,09	2,657	29,44	2,760	9
10	1224,45	2,641	1221,62	2,750	1226,09	2,644	1223,26	2,753	1227,73	2,648	1224,91	2,757	10
11	20,13	2,632	17,12	2,747	21,77	2,635	18,75	2,750	23,40	2,639	20,39	2,754	11
12	15,84	2,622	12,64	2,745	17,47	2,626	14,27	2,748	19,10	2,629	15,90	2,752	12
13	11,58	2,613	08,17	2,742	13,21	2,617	09,80	2,746	14,83	2,620	11,42	2,749	13
14	07,35	2,604	03,73	2,740	08,97	2,608	05,35	2,744	10,59	2,611	06,97	2,747	14
15	1203,15	2,595	1199,30	2,740	1204,77	2,598	1200,92	2,744	1206,38	2,602	1202,53	2,747	15
16	1198,98	2,586	94,89	2,739	00,59	2,589	1196,50	2,743	02,20	2,593	1198,11	2,746	16
17	94,84	2,577	90,50	2,739	1196,44	2,581	92,10	2,743	1198,04	2,584	93,70	2,746	17
18	90,73	2,568	86,12	2,740	92,32	2,572	87,71	2,744	93,92	2,575	89,31	2,747	18
19	86,64	2,559	81,75	2,740	88,23	2,563	83,34	2,744	89,82	2,566	84,93	2,747	19
20	1182,59	2,551	1177,40	2,742	1184,17	2,554	1178,98	2,745	1185,76	2,557	1180,57	2,749	20
21	78,56	2,542	73,06	2,744	80,14	2,545	74,64	2,747	81,72	2,549	76,22	2,751	21
22	74,55	2,533	68,73	2,746	76,13	2,537	70,30	2,749	77,70	2,540	71,88	2,753	22
23	70,58	2,525	64,41	2,749	72,15	2,528	65,98	2,752	73,72	2,532	67,55	2,756	23
24	66,63	2,516	60,10	2,753	68,19	2,520	61,67	2,756	69,76	2,523	63,23	2,760	24
25	1162,71	2,508	1155,80	2,758	1164,27	2,511	1157,36	2,761	1165,83	2,514	1158,92	2,764	25
26	58,81	2,499	51,51	2,762	60,37	2,503	53,06	2,765	61,92	2,506	54,61	2,768	26
27	54,94	2,491	47,22	2,767	56,49	2,494	48,77	3,771	58,04	2,498	50,32	2,774	27
28	51,10	2,483	42,94	2,773	52,64	2,486	44,48	2,777	54,19	2,489	46,02	2,780	28
29	47,28	2,474	38,66	2,780	48,82	2,478	40,20	2,783	50,36	2,481	41,74	2,787	29
30	1143,49	2,466	1134,39	2,789	1145,02	2,470	1135,92	2,792	1146,56	2,473	1137,45	2,795	30
31	39,72	2,458	30,11	2,796	41,25	2,461	31,64	2,800	42,78	2,465	33,17	2,803	31
32	35,98	2,450	25,84	2,805	37,50	2,453	27,36	2,808	39,02	2,457	28,89	2,812	32
33	32,26	2,442	21,57	2,815	33,78	2,445	23,09	2,818	35,30	2,449	24,60	2,821	33
34	28,57	2,434	17,30	2,825	30,08	2,437	18,81	2,829	31,59	2,441	20,32	2,832	34
35	1124,89	2,426	1113,02	2,838	1126,40	2,429	1114,53	2,841	1127,91	2,433	1116,04	2,844	35
36	1121,25		1108,74		1122,75		1110,24		1124,25		1111,74		36
t°	γ mg	β mm	γ mg	β mm	γ mg	β mm	γ mg	β mm	γ mg	β mm	γ mg	β mm	t°

	749 mm				750 mm				751 mm				
	Trockene Luft Air sec Dry air		50% feuchte Luft Air avec 50% d'humidité Air with 50% of moisture		Trockene Luft Air sec Dry air		50% feuchte Luft Air avec 50% d'humidité Air with 50% of moisture		Trockene Luft Air sec Dry air		50% feuchte Luft Air avec 50% d'humidité Air with 50% of moisture		
t^0	γ mg	β mm	γ mg	β mm	γ mg	β mm	γ mg	β mm	γ mg	β mm	γ mg	β mm	t^0
−1°	1279,19		1277,82		1280,89		1279,53		1282,60		1281,23		−1°
0°	1274,49	2,749	1273,03	2,808	1276,19	2,753	1274,73	2,812	1277,90	2,756	1276,43	2,815	0°
+1°	69,83	2,739	68,26	2,801	71,53	2,742	69,96	2,805	73,22	2,746	71,65	2,809	+1°
2	65,21	2,729	63,53	2,796	66,90	2,732	65,22	2,800	68,58	2,736	66,91	2,803	2
3	60 61	2,719	58,82	2,790	62,30	2,723	60,50	2,794	63,98	2,726	62,18	2,798	3
4	56,05	2,709	54,14	2,785	57,73	2,713	55,81	2,789	59,41	2,716	57,49	2,792	4
5	1251,53	2,699	1249,48	2,780	1253,20	2,703	1251,15	2,783	1254,87	2,707	1252,82	2,787	5
6	47,03	2,690	44,85	2,775	48,70	2,693	46,51	2,779	50,36	2,697	48,18	2,783	6
7	42,57	2,680	40,24	2,771	44,23	2,684	41,89	2,775	45,89	2,687	43,55	2,778	7
8	38,14	2,670	35,65	2,767	39,79	2,674	37,30	2,770	41,45	2,678	38,96	2,774	8
9	33,74	2,661	31,09	2,764	35,39	2,665	32,73	2,767	37,04	2,668	34,38	2,771	9
10	1229,37	2,652	1226,55	2,760	1231,02	2,655	1228,19	2,764	1232,66	2,659	1229,83	2,767	10
11	25,04	2,642	22,03	2,757	26,67	2,646	23,66	2,761	28,31	2,649	25,30	2,764	11
12	20,73	2,633	17,53	2,755	22,36	2,636	19,16	2,759	23,99	2,640	20,79	2,762	12
13	16,46	2,624	13,05	2,753	18,08	2,627	14,67	2,756	19,70	2,631	16,29	2,760	13
14	12,21	2,615	08,59	2,751	13,83	2,618	10,20	2,754	15,45	2,622	11,82	2,758	14
15	1207,99	2,605	1204,14	2,751	1209,61	2,609	1205,75	2,754	1211,22	2,612	1207,37	2,758	15
16	03,81	2,596	1199,71	2,750	05,41	2,600	01,32	2,753	07,02	2,603	02,93	2,757	16
17	1199,65	2,587	95,30	2,750	01,25	2,591	1196,90	2,753	02,85	2,594	1198,51	2,756	17
18	95,52	2,579	90,90	2,750	1197,11	2,582	92,50	2,754	1198,71	2,585	94,10	2,757	18
19	91,42	2,570	86,52	2,750	93,01	2,573	88,11	2,754	94,60	2,577	89,70	2,757	19
20	1187,34	2,561	1182,15	2,752	1188,93	2,564	1183,74	2,756	1190,51	2,568	1185,33	2,759	20
21	83,30	2,552	77,80	2,754	84,88	2,556	79,38	2,758	86,46	2,559	80,96	2,761	21
22	79,28	2,543	73,45	2,756	80,85	2,547	75,03	2,760	82,43	2,550	76,60	2,763	22
23	75,29	2,535	69,12	2,759	76,86	2,538	70,69	2,762	78,42	2,542	72,26	2,766	23
24	71,32	2,526	64,79	2,763	72,89	2,530	66,36	2,766	74,45	2,533	67,92	2,770	24
25	1167,38	2,518	1160,48	2,768	1168,94	2,521	1162,03	2,771	1170,50	2,525	1163,59	2,774	25
26	63,47	2,509	56,17	2,772	65,03	2,513	57,72	2,775	66,58	2,516	59,27	2,778	26
27	59,59	2,501	51,86	2,777	61,14	2,504	53,41	2,781	62,69	2,508	54,96	2,784	27
28	55,73	2,493	47,57	2,783	57,27	2,496	49,11	2,787	58,82	2,499	50,65	2,790	28
29	51,90	2,484	43,28	2,790	53,43	2,488	44,81	2,793	54,97	2,491	46,35	2,797	29
30	1148,09	2,476	1138,98	2,799	1149,62	2,480	1140,52	2,802	1151,15	2,483	1142,05	2,805	30
31	44,30	2,468	34,70	2,806	45,83	2,471	36,22	2,810	47,36	2,475	37,75	2,813	31
32	40,55	2,460	30,41	2,815	42,07	2,463	31,93	2,818	43,59	2,467	33,46	2,822	32
33	36,81	2,452	26,12	2,825	38,33	2,455	27,64	2,828	39,85	2,458	29,16	2,831	33
34	33,10	2,444	21,84	2,835	34,62	2,447	23,35	2,838	36,13	2,450	24,86	2,842	34
35	1129,42	2,436	1117,54	2,848	1130,93	2,439	1119,05	2,851	1132,43	2,442	1120,56	2,854	35
36	1125,76		1113,25		1127,26		1114,75		1128,76		1116,25		36
t^0	γ mg	β mm	γ mg	β mm	γ mg	β mm	γ mg	β mm	γ mg	β mm	γ mg	β mm	t^0

	752 mm				753 mm				754 mm				
	Trockene Luft Air sec Dry air		50% feuchte Luft Air avec 50% d'humidité Air with 50% of moisture		Trockene Luft Air sec Dry air		50% feuchte Luft Air avec 50% d'humidité Air with 50% of moisture		Trockene Luft Air sec Dry air		50% feuchte Luft Air avec 50% d'humidité Air with 50% of moisture		
t⁰	γ mg	β mm	γ mg	β mm	γ mg	β mm	γ mg	β mm	γ mg	β mm	γ mg	β mm	t⁰
−1⁰	1284,31		1282,94		1286,02		1284,65		1287,73		1286,36		−1⁰
0⁰	1279,60	2,760	1278,13	2,819	1281,30	2,764	1279,83	2,823	1283,00	2,767	1281,53	2,826	0⁰
+1⁰	74,92	2,750	73,35	2,812	76,61	2,753	75,04	2,816	78,31	2,757	76,74	2,820	+1⁰
2	70,27	2,740	68,60	2,807	71,96	2,743	70,28	2,810	73,65	2,747	71,97	2,814	2
3	65,66	2,730	63,87	2,801	67,35	2,733	65,55	2,805	69,03	2,737	67,23	2,809	3
4	61,08	2,720	59,17	2,796	62,76	2,724	60,84	2,800	64,44	2,727	62,52	2,803	4
5	1256,54	2,710	1254,49	2,791	1258,21	2,714	1256,16	2,794	1259,88	2,717	1257,83	2,798	5
6	52,03	2,700	49,84	2,786	53,69	2,704	51,51	2,790	55,36	2,708	53,17	2,793	6
7	47,55	2,691	45,21	2,782	49,21	2,694	46,87	2,785	50,87	2,698	48,53	2,789	7
8	43,10	2,681	40,61	2,778	44,75	2,685	42,26	2,781	46,41	2,688	43,92	2,785	8
9	38,68	2,672	36,03	2,774	40,33	2,675	37,68	2,778	41,98	2,679	39,32	2,781	9
10	1234,30	2,662	1231,47	2,771	1235,94	2,666	1233,11	2,775	1237,58	2,669	1234,75	2,778	10
11	29,94	2,653	26,93	2,768	31,58	2,656	28,57	2,771	33,22	2,660	30,20	2,775	11
12	25,62	2,643	22,42	2,766	27,25	2,647	24,05	2,769	28,88	2,650	25,68	2,773	12
13	21,33	2,634	17,92	2,763	22,95	2,638	19,54	2,767	24,58	2,641	21,17	2,770	13
14	17,06	2,625	13,44	2,761	18,68	2,628	15,06	2,765	20,30	2,632	16,68	2,768	14
15	1212,83	2,616	1208,98	2,761	1214,44	2,619	1210,59	2,765	1216,06	2,623	1212,21	2,768	15
16	08,63	2,607	04,53	2,760	10,23	2,610	06,14	2,764	11,84	2,614	07,75	2,767	16
17	04,45	2,598	00,11	2,760	06,05	2,601	01,71	2,763	07,65	2,605	03,31	2,767	17
18	00,31	2,589	1195,69	2,761	01,90	2,592	1197,29	2,764	03,50	2,596	1198,89	2,768	18
19	1196,19	2,580	91,29	2,761	1197,78	2,583	92,88	2,764	1199,37	2,587	94,48	2,768	19
20	1192,10	2,571	1186,91	2,763	1193,68	2,575	1188,50	2,766	1195,27	2,578	1190,08	2,769	20
21	88,04	2,562	82,54	2,764	89,62	2,566	84,12	2,768	91,20	2,569	85,70	2,771	21
22	84,00	2,554	78,18	2,766	85,58	2,557	79,75	2,770	87,15	2,560	81,32	2,773	22
23	79,99	2,545	73,82	2,769	81,56	2,548	75,39	2,773	83,13	2,552	76,96	2,776	23
24	76,01	2,536	69,49	2,773	77,58	2,540	71,05	2,776	79,14	2,543	72,61	2,780	24
25	1172,06	2,528	1165,15	2,778	1173,62	2,531	1166,71	2,781	1175,18	2,535	1168,27	2,785	25
26	68,13	2,519	60,83	2,782	69,69	2,523	62,38	2,785	71,24	2,526	63,93	2,788	26
27	64,23	2,511	56,51	2,787	65,78	2,514	58,06	2,791	67,33	2,518	59,61	2,794	27
28	60,36	2,503	52,20	2,793	61,90	2,506	53,74	2,797	63,44	2,509	55,28	2,800	28
29	56,51	2,494	47,89	2,800	58,05	2,498	49,43	2,803	59,59	2,501	50,97	2,807	29
30	1152,69	2,486	1143,58	2,809	1154,22	2,489	1145,12	2,812	1155,75	2,493	1146,65	2,815	30
31	48,89	2,478	39,28	2,816	50,42	2,481	40,81	2,820	51,94	2,485	42,33	2,823	31
32	45,11	2,470	34,98	2,825	46,64	2,473	36,50	2,828	48,16	2,476	38,02	2,831	32
33	41,37	2,462	30,68	2,834	42,88	2,465	32,19	2,838	44,40	2,468	33,71	2,841	33
34	37,64	2,454	26,37	2,845	39,16	2,457	27,89	2,848	40,67	2,460	29,40	2,851	34
35	1133,94	2,446	1122,07	2,857	1135,45	2,449	1123,58	2,861	1136,96	2,452	1125,08	2,864	35
36	1130,27		1117,76		1131,77		1119,26		1133,27		1120,76		36
t⁰	γ mg	β mm	γ mg	β mm	γ mg	β mm	γ mg	β mm	γ mg	β mm	γ mg	β mm	t⁰

	755 mm				756 mm				757 mm				
	Trockene Luft Air sec Dry air		50% feuchte Luft Air avec 50% d'humidité Air with 50% of moisture		Trockene Luft Air sec Dry air		50% feuchte Luft Air avec 50% d'humidité Air with 50% of moisture		Trockene Luft Air sec Dry air		50% feuchte Luft Air avec 50% d'humidité Air with 50% of moisture		
t^0	γ mg	β mm	γ mg	β mm	γ mg	β mm	γ mg	β mm	γ mg	β mm	γ mg	β mm	t^0
−1°	1289,43		1288,07		1291,14		1289,77		1292,85		1291,48		−1°
0°	1284,70	2,771	1283,24	2,830	1286,40	2,775	1284,94	2,834	1288,11	2,778	1286,64	2,837	0°
+1°	80,00	2,761	78,44	2,823	81,70	2,764	80,13	2,827	83,40	2,768	81,83	2,831	+1°
2	75,34	2,751	73,66	2,818	77,03	2,754	75,35	2,821	78,72	2,758	77,04	2,825	2
3	70,71	2,741	68,92	2,812	72,39	2,744	70,60	2,816	74,08	2,748	72,28	2,819	3
4	66,12	2,731	64,20	2,807	67,79	2,734	65,87	2,810	69,47	2,738	67,55	2,814	4
5	1261,55	2,721	1259,50	2,801	1263,22	2,725	1261,17	2,805	1264,89	2,728	1262,84	2,809	5
6	57,02	2,711	54,84	2,797	58,69	2,715	56,50	2,801	60,35	2,718	58,17	2,804	6
7	52,52	2,701	50,19	2,793	54,18	2,705	51,85	2,796	55,84	2,709	53,51	2,800	7
8	48,06	2,692	45,57	2,788	49,71	2,695	47,22	2,792	51,37	2,699	48,88	2,795	8
9	43,63	2,682	40,97	2,785	45,27	2,686	42,62	2,788	46,92	2,689	44,27	2,792	9
10	1239,22	2,673	1236,39	2,782	1240,86	2,676	1238,04	2,785	1242,51	2,680	1239,68	2,789	10
11	34,85	2,663	31,84	2,778	36,49	2,667	33,47	2,782	38,12	2,670	35,11	2,785	11
12	30,51	2,654	27,31	2,776	32,14	2,658	28,94	2,780	33,77	2,661	30,57	2,783	12
13	26,20	2,645	22,79	2,774	27,82	2,648	24,41	2,777	29,45	2,652	26,04	2,781	13
14	21,92	2,635	18,30	2,772	23,54	2,639	19,91	2,775	25,16	2,642	21,53	2,779	14
15	1217,67	2,626	1213,82	2,772	1219,28	2,630	1215,43	2,775	1220,89	2,633	1217,04	2,779	15
16	13,45	2,617	09,36	2,770	15,06	2,621	10,96	2,774	16,66	2,624	12,57	2,777	16
17	09,26	2,608	04,91	2,770	10,86	2,612	06,51	2,774	12,46	2,615	08,12	2,777	17
18	05,09	2,599	00,48	2,771	06,69	2,603	02,08	2,775	08,29	2,606	03,67	2,778	18
19	00,96	2,590	1196,07	2,771	02,55	2,594	1197,66	2,774	04,14	2,597	1199,25	2,778	19
20	1196,85	2,581	1191,67	2,773	1198,44	2,585	1193,25	2,776	1200,02	2,588	1194,84	2,780	20
21	92,77	2,573	87,28	2,775	94,35	2,576	88,85	2,778	1195,93	2,579	90,43	2,781	21
22	88,72	2,564	82,90	2,777	90,30	2,567	84,47	2,780	91,87	2,571	86,05	2,783	22
23	84,70	2,555	78,53	2,779	86,27	2,559	80,10	2,783	87,84	2,562	81,67	2,786	23
24	80,71	2,547	74,18	2,783	82,27	2,550	75,74	2,787	83,83	2,553	77,30	2,790	24
25	1176,74	2,538	1169,83	2,788	1178,30	2,541	1171,39	2,791	1179,85	2,545	1172,94	2,795	25
26	72,79	2,530	65,49	2,792	74,35	2,533	67,04	2,795	75,90	2,536	68,59	2,798	26
27	68,88	2,521	61,15	2,797	70,43	2,524	62,70	2,801	71,97	2,528	64,25	2,804	27
28	64,99	2,513	56,82	2,803	66,53	2,516	58,37	2,807	68,07	2,519	59,91	2,810	28
29	61,12	2,504	52,50	2,810	62,66	2,508	54,04	2,813	64,20	2,511	55,58	2,817	29
30	1157,28	2,496	1148,18	2,818	1158,82	2,499	1149,71	2,822	1160,35	2,503	1151,25	2,825	30
31	53,47	2,488	43,86	2,826	55,00	2,491	45,39	2,829	56,53	2,494	46,92	2,833	31
32	49,68	2,480	39,55	2,835	51,21	2,483	41,07	2,838	52,73	2,486	42,59	2,841	32
33	45,92	2,472	35,23	2,844	47,44	2,475	36,75	2,848	48,96	2,478	38,26	2,851	33
34	42,18	2,463	30,91	2,855	43,69	2,467	32,42	2,858	45,21	2,470	33,94	2,861	34
35	1138,47	2,455	1126,59	2,867	1139,97	2,459	1128,10	2,870	1141,48	2,462	1129,61	2,874	35
36	1134,78		1122,27		1136,28		1123,77		1137,78		1125,27		36
t^0	γ mg	β mm	γ mg	β mm	γ mg	β mm	γ mg	β mm	γ mg	β mm	γ mg	β mm	t^0

	758 mm				759 mm				760 mm				
	Trockene Luft Air sec Dry air		50% feuchte Luft Air avec 50% d'humidité Air with 50% of moisture		Trockene Luft Air sec Dry air		50% feuchte Luft Air avec 50% d'humidité Air with 50% of moisture		Trockene Luft Air sec Dry air		50% feuchte Luft Air avec 50% d'humidité Air with 50% of moisture		
t°	γ mg	β mm	γ mg	β mm	γ mg	β mm	γ mg	β mm	γ mg	β mm	γ mg	β mm	t°
−1°	1294,56		1293,19		1296,27		1294,90		1297,97		1296,61		−1°
0°	1289,81	2,782	1288,34	2,841	1291,51	2,786	1290,04	2,845	1293,21	2,789	1291,74	2,848	0°
+1°	85,09	2,772	83,52	2,834	86,79	2,775	85,22	2,838	88,48	2,779	86,91	2,842	+1°
2	80,41	2,762	78,73	2,829	82,10	2,765	80,42	2,832	83,79	2,769	82,11	2,836	2
3	75,76	2,752	73,97	2,823	77,44	2,755	75,65	2,827	79,13	2,759	77,33	2,830	3
4	71,15	2,742	69,23	2,818	72,82	2,745	70,90	2,821	74,50	2,749	72,58	2,825	4
5	1266,57	2,732	1264,52	2,812	1268,24	2,735	1266,19	2,816	1269,91	2,739	1267,86	2,819	5
6	62,02	2,722	59,83	2,808	63,68	2,726	61,49	2,811	65,35	2,729	63,16	2,815	6
7	57,50	2,712	55,17	2,803	59,16	2,716	56,82	2,807	60,82	2,719	58,48	2,810	7
8	53,02	2,703	50,53	2,799	54,67	2,706	52,18	2,803	56,32	2,710	53,83	2,806	8
9	48,57	2,693	45,91	2,796	50,21	2,696	47,56	2,799	51,86	2,700	49,21	2,803	9
10	1244,15	2,683	1241,32	2,792	1245,79	2,687	1242,96	2,796	1247,43	2,690	1244,60	2,799	10
11	39,76	2,674	36,75	2,789	41,39	2,677	38,38	2,793	43,03	2,681	40,02	2,796	11
12	35,40	2,665	32,20	2,787	37,03	2,668	33,83	2,790	38,66	2,672	35,46	2,794	12
13	31,07	2,655	27,66	2,784	32,70	2,659	29,29	2,788	34,32	2,662	30,91	2,792	13
14	26,78	2,646	23,15	2,782	28,39	2,649	24,77	2,786	30,01	2,653	26,39	2,789	14
15	1222,51	2,637	1218,66	2,782	1224,12	2,640	1220,27	2,786	1225,73	2,644	1221,88	2,789	15
16	18,27	2,628	14,18	2,781	19,88	2,631	15,78	2,784	21,48	2,635	17,39	2,788	16
17	14,06	2,619	09,72	2,781	15,66	2,622	11,32	2,784	17,26	2,625	12,92	2,788	17
18	09,88	2,610	05,27	2,781	11,48	2,613	06,87	2,785	13,07	2,616	08,46	2,788	18
19	05,73	2,601	00,84	2,781	07,32	2,604	02,43	2,785	08,91	2,607	04,02	2,788	19
20	1201,61	2,592	1196,42	2,783	1203,19	2,595	1198,01	2,786	1204,78	2,599	1199,59	2,790	20
21	1197,51	2,583	92,01	2,785	1199,09	2,586	93,59	2,788	00,67	2,590	95,17	2,792	21
22	93,45	2,574	87,62	2,787	95,02	2,577	89,20	2,790	1196,60	2,581	90,77	2,794	22
23	89,41	2,565	83,24	2,790	90,98	2,569	84,81	2,793	92,55	2,572	86,38	2,796	23
24	85,40	2,557	78,87	2,793	86,96	2,560	80,43	2,797	88,52	2,563	82,00	2,800	24
25	1181,41	2,548	1174,50	2,798	1182,97	2,551	1176,06	2,801	1184,53	2,555	1177,62	2,805	25
26	77,45	2,540	70,15	2,802	79,01	2,543	71,70	2,805	80,56	2,546	73,25	2,808	26
27	73,52	2,531	65,80	2,807	75,07	2,534	67,35	2,811	76,62	2,538	68,89	2,814	27
28	69,62	2,523	61,45	2,813	71,16	2,526	63,00	2,817	72,70	2,529	64,54	2,820	28
29	65,74	2,514	57,12	2,820	67,28	2,518	58,65	2,823	68,81	2,521	60,19	2,826	29
30	1161,88	2,506	1152,78	2,828	1163,42	2,509	1154,31	2,832	1164,95	2,513	1155,85	2,835	30
31	58,05	2,498	48,45	2,836	59,58	2,501	49,97	2,839	61,11	2,504	51,50	2,843	31
32	54,25	2,490	44,11	2,845	55,77	2,493	45,64	2,848	57,30	2,496	47,16	2,851	32
33	50,47	2,481	39,78	2,854	51,99	2,485	41,30	2,857	53,51	2,488	42,82	2,861	33
34	46,72	2,473	35,45	2,865	48,23	2,477	36,96	2,868	49,74	2,480	38,48	2,871	34
35	1142,99	2,465	1131,12	2,877	1144,50	2,468	1132,62	2,880	1146,01	2,472	1134,13	2,883	35
36	1139,28		1126,77		1140,79		1128,28		1142,29		1129,78		36
t°	γ mg	β mm	γ mg	β mm	γ mg	β mm	γ mg	β mm	γ mg	β mm	γ mg	β mm	t°

	761 mm				762 mm				763 mm				
	Trockene Luft Air sec Dry air		50% feuchte Luft Air avec 50% d'humidité Air with 50% of moisture		Trockene Luft Air sec Dry air		50% feuchte Luft Air avec 50% d'humidité Air with 50% of moisture		Trockene Luft Air sec Dry air		50% feuchte Luft Air avec 50% d'humidité Air with 50% of moisture		
t°	γ mg	β mm	γ mg	β mm	γ mg	β mm	γ mg	β mm	γ mg	β mm	γ mg	β mm	t°
−1°	1299,68		1298,31		1301,39		1300,02		1303,10		1301,73		−1°
0°	1294,91	2,793	1293,45	2,852	1296,61	2,797	1295,15	2,856	1298,31	2,800	1296,85	2,859	0°
+1°	90,18	2,783	88,61	2,845	91,87	2,786	90,30	2,849	93,57	2,790	92,00	2,853	+1°
2	85,48	2,773	83,80	2,840	87,17	2,776	85,49	2,843	88,85	2,780	87,18	2,847	2
3	80,81	2,762	79,01	2,834	82,49	2,766	80,70	2,838	84,18	2,770	82,38	2,841	3
4	76,18	2,752	74,26	2,828	77,85	2,756	75,94	2,832	79,53	2,760	77,61	2,836	4
5	1271,58	2,743	1269,53	2,823	1273,25	2,746	1271,20	2,827	1274,92	2,750	1272,87	2,830	5
6	67,01	2,733	64,82	2,818	68,68	2,736	66,49	2,822	70,34	2,740	68,15	2,826	6
7	62,48	2,723	60,14	2,814	64,14	2,727	61,80	2,818	65,80	2,730	63,46	2,821	7
8	57,98	2,713	55,49	2,810	59,63	2,717	57,14	2,813	61,28	2,720	58,79	2,817	8
9	53,51	2,704	50,85	2,806	55,16	2,707	52,50	2,810	56,80	2,711	54,15	2,813	9
10	1249,07	2,694	1246,24	2,803	1250,71	2,698	1247,88	2,806	1252,35	2,701	1249,53	2,810	10
11	44,66	2,685	41,65	2,800	46,30	2,688	43,29	2,803	47,94	2,692	44,92	2,807	11
12	40,29	2,675	37,09	2,797	41,92	2,679	38,72	2,801	43,55	2,682	40,34	2,804	12
13	35,94	2,666	32,53	2,795	37,57	2,669	34,16	2,799	39,19	2,673	35,78	2,802	13
14	31,63	2,656	28,01	2,793	33,25	2,660	29,62	2,796	34,87	2,663	31,24	2,800	14
15	1227,35	2,647	1223,49	2,792	1228,96	2,651	1225,11	2,796	1230,57	2,654	1226,72	2,799	15
16	23,09	2,638	19,00	2,791	24,70	2,641	20,61	2,795	26,31	2,645	22,21	2,798	16
17	18,87	2,629	14,52	2,791	20,47	2,632	16,12	2,794	22,07	2,636	17,73	2,798	17
18	14,67	2,620	10,06	2,792	16,27	2,623	11,65	2,795	17,86	2,627	13,25	2,799	18
19	10,50	2,611	05,61	2,792	12,09	2,614	07,20	2,795	13,68	2,618	08,79	2,798	19
20	1206,36	2,602	1201,18	2,793	1207,95	2,605	1202,76	2,797	1209,53	2,609	1204,35	2,800	20
21	02,25	2,593	1196,75	2,795	03,83	2,596	1198,33	2,799	05,41	2,600	1199,91	2,802	21
22	1198,17	2,584	92,35	2,797	1199,75	2,588	93,92	2,800	01,32	2,591	95,49	2,804	22
23	94,12	2,576	87,95	2,800	95,69	2,579	89,52	2,803	1197,25	2,582	91,09	2,806	23
24	90,09	2,567	83,56	2,803	91,65	2,570	85,12	2,807	93,22	2,574	86,69	2,810	24
25	1186,09	2,558	1179,18	2,808	1187,65	2,562	1180,74	2,811	1189,21	2,565	1182,30	2,815	25
26	82,11	2,550	74,81	2,812	83,67	2,553	76,36	2,815	85,22	2,556	77,91	2,819	26
27	78,17	2,541	70,44	2,818	79,72	2,544	71,99	2,821	81,26	2,548	73,54	2,824	27
28	74,25	2,533	66,08	2,823	75,79	2,536	67,63	2,827	77,33	2,539	69,17	2,830	28
29	70,35	2,524	61,73	2,830	71,89	2,528	63,27	2,833	73,43	2,531	64,81	2,836	29
30	1166,48	2,516	1157,38	2,838	1168,01	2,519	1158,91	2,842	1169,55	2,523	1160,44	2,845	30
31	62,64	2,508	53,03	2,846	64,17	2,511	54,56	2,849	65,69	2,514	56,08	2,853	31
32	58,82	2,499	48,68	2,854	60,34	2,503	50,21	2,858	61,87	2,506	51,73	2,861	32
33	55,03	2,491	44,34	2,864	56,54	2,494	45,85	2,867	58,06	2,498	47,37	2,870	33
34	51,26	2,483	39,99	2,874	52,77	2,486	41,50	2,878	54,28	2,490	43,01	2,881	34
35	1147,51	2,475	1135,64	2,887	1149,02	2,478	1137,15	2,890	1150,53	2,481	1138,66	2,893	35
36	1143,79		1131,28		1145,30		1132,79		1146,80		1134,29		36
t°	γ mg	β mm	γ mg	β mm	γ mg	β mm	γ mg	β mm	γ mg	β mm	γ mg	β mm	t°

	764 mm				765 mm				766 mm				
	Trockene Luft Air sec Dry air		50% feuchte Luft Air avec 50% d'humidité Air with 50% of moisture		Trockene Luft Air sec Dry air		50% feuchte Luft Air avec 50% d'humidité Air with 50% of moisture		Trockene Luft Air sec Dry air		50% feuchte Luft Air avec 50% d'humidité Air with 50% of moisture		
t°	γ mg	β mm	γ mg	β mm	γ mg	β mm	γ mg	β mm	γ mg	β mm	γ mg	β mm	t°
—1°	1304,81		1303,44		1306,51		1305,14		1308,22		1306,85		—1°
0°	1300,02	2,804	1298,55	2,863	1301,72	2,808	1300,25	2,867	1303,42	2,811	1301,95	2,870	0°
+1°	1295,26	2,794	93,69	2,856	1296,96	2,797	1295,39	2,860	1298,65	2,801	1297,08	2,864	+1°
2	90,54	2,783	88,87	2,851	92,23	2,787	90,56	2,854	93,92	2,791	92,24	2,858	2
3	85,86	2,773	84,06	2,845	87,54	2,777	85,75	2,849	89,23	2,781	87,43	2,852	3
4	81,21	2,763	79,29	2,839	82,89	2,767	80,97	2,843	84,56	2,771	82,64	2,847	4
5	1276,59	2,753	1274,54	2,834	1278,26	2,757	1276,21	2,837	1279,93	2,761	1277,88	2,841	5
6	72,01	2,744	69,82	2,829	73,67	2,747	71,48	2,833	75,34	2,751	73,15	2,836	6
7	67,46	2,734	65,12	2,825	69,11	2,737	66,78	2,828	70,77	2,741	68,44	2,832	7
8	62,94	2,724	60,45	2,820	64,59	2,728	62,10	2,824	66,24	2,731	63,75	2,827	8
9	58,45	2,714	55,80	2,817	60,10	2,718	57,44	2,820	61,74	2,721	59,09	2,824	9
10	1253,99	2,705	1251,17	2,814	1255,64	2,708	1252,81	2,817	1257,28	2,712	1254,45	2,821	10
11	49,57	2,695	46,56	2,810	51,21	2,699	48,19	2,814	52,84	2,702	49,83	2,817	11
12	45,18	2,686	41,97	2,808	46,81	2,689	43,60	2,811	48,44	2,693	45,23	2,815	12
13	40,82	2,676	37,41	2,806	42,44	2,680	39,03	2,809	44,07	2,683	40,66	2,813	13
14	36,49	2,667	32,86	2,803	38,10	2,670	34,48	2,807	39,72	2,674	36,10	2,810	14
15	1232,18	2,658	1228,33	2,803	1233,80	2,661	1229,95	2,806	1235,41	2,665	1231,56	2,810	15
16	27,91	2,648	23,82	2,802	29,52	2,652	25,43	2,805	31,13	2,655	27,04	2,809	16
17	23,67	2,639	19,33	2,801	25,27	2,643	20,93	2,805	26,87	2,646	22,53	2,808	17
18	19,46	2,630	14,85	2,802	21,06	2,634	16,44	2,806	22,65	2,637	18,04	2,809	18
19	15,28	2,621	10,38	2,802	16,87	2,625	11,97	2,805	18,46	2,628	13,56	2,809	19
20	1211,12	2,612	1205,93	2,804	1212,71	2,616	1207,52	2,807	1214,29	2,619	1209,10	2,810	20
21	1206,99	2,603	01,49	2,805	08,57	2,607	03,07	2,809	10,15	2,610	04,65	2,812	21
22	02,89	2,594	1197,07	2,807	04,47	2,598	1198,64	2,810	06,04	2,601	00,22	2,814	22
23	1198,82	2,586	92,65	2,810	00,39	2,589	94,22	2,813	01,96	2,592	1195,79	2,817	23
24	94,78	2,577	88,25	2,814	1196,34	2,580	89,82	2,817	1197,91	2,584	91,38	2,820	24
25	1190,76	2,568	1183,85	2,818	1192,32	2,572	1185,41	2,822	1193,88	2,575	1186,97	2,825	25
26	86,77	2,560	79,47	2,822	88,33	2,563	81,02	2,825	89,88	2,566	82,57	2,829	26
27	82,81	2,551	75,09	2,828	84,36	2,554	76,64	2,831	85,91	2,558	78,18	2,834	27
28	78,88	2,543	70,71	2,833	80,42	2,546	72,25	2,836	81,96	2,549	73,80	2,840	28
29	74,96	2,534	66,34	2,840	76,50	2,538	67,88	2,843	78,04	2,541	69,42	2,846	29
30	1171,08	2,526	1161,98	2,848	1172,61	2,529	1163,51	2,852	1174,15	2,532	1165,04	2,855	30
31	67,22	2,517	57,61	2,856	68,75	2,521	59,14	2,859	70,28	2,524	60,67	2,862	31
32	63,39	2,509	53,25	2,864	64,91	2,513	54,77	2,868	66,43	2,516	56,30	2,871	32
33	59,58	2,501	48,89	2,874	61,10	2,504	50,41	2,877	62,62	2,508	51,92	2,880	33
34	55,80	2,493	44,53	2,884	57,31	2,496	46,04	2,887	58,82	2,499	47,55	2,891	34
35	1152,04	2,485	1140,16	2,896	1153,55	2,488	1141,67	2,900	1155,05	2,491	1143,18	2,903	35
36	1148,30		1135,79		1149,81		1137,30		1151,31		1138,80		36
t°	γ mg	β mm	γ mg	β mm	γ mg	β mm	γ mg	β mm	γ mg	β mm	γ mg	β mm	t°

	767 mm				768 mm				769 mm				
	Trockene Luft Air sec Dry air		50% feuchte Luft Air avec 50% d'humidité Air with 50% of moisture		Trockene Luft Air sec Dry air		50% feuchte Luft Air avec 50% d'humidité Air with 50% of moisture		Trockene Luft Air sec Dry air		50% feuchte Luft Air avec 50% d'humidité Air with 50% of moisture		
t^0	γ mg	β mm	γ mg	β mm	γ mg	β mm	γ mg	β mm	γ mg	β mm	γ mg	β mm	t^0
−1°	1309,93		1308,56		1311,64		1310,27		1313,34		1311,98		−1°
0°	1305,12	2,815	1303,66	2,874	1306,82	2,819	1305,36	2,878	1308,52	2,822	1307,06	2,881	0°
+1°	00,35	2,805	1298,78	2,867	02,04	2,808	00,48	2,871	03,74	2,812	02,17	2,875	+1°
2	1295,61	2,794	93,93	2,861	1297,30	2,798	1295,62	2,865	1298,99	2,802	1297,31	2,869	2
3	90,91	2,784	89,11	2,856	92,59	2,788	90,80	2,859	94,27	2,792	92,48	2,863	3
4	86,24	2,774	84,32	2,850	87,92	2,778	86,00	2,854	89,59	2,781	87,67	2,857	4
5	1281,60	2,764	1279,55	2,845	1283,27	2,768	1281,22	2,848	1284,95	2,771	1282,90	2,852	5
6	77,00	2,754	74,81	2,840	78,67	2,758	76,48	2,844	80,33	2,761	78,14	2,847	6
7	72,43	2,744	70,10	2,836	74,09	2,748	71,76	2,839	75,75	2,752	73,41	2,843	7
8	67,90	2,735	65,41	2,831	69,55	2,738	67,06	2,835	71,20	2,742	68,71	2,838	8
9	63,39	2,725	60,74	2,828	65,04	2,728	62,38	2,831	66,69	2,732	64,03	2,835	9
10	1258,92	2,715	1256,09	2,824	1260,56	2,719	1257,73	2,828	1262,20	2,722	1259,37	2,831	10
11	54,48	2,706	51,47	2,821	56,11	2,709	53,10	2,824	57,75	2,713	54,74	2,828	11
12	50,07	2,696	46,86	2,818	51,70	2,700	48,49	2,822	53,33	2,703	50,12	2,825	12
13	45,69	2,687	42,28	2,816	47,31	2,690	43,90	2,820	48,94	2,694	45,53	2,823	13
14	41,34	2,677	37,72	2,814	42,96	2,681	39,34	2,817	44,58	2,684	40,95	2,821	14
15	1237,02	2,668	1233,17	2,813	1238,64	2,672	1234,78	2,817	1240,25	2,675	1236,40	2,820	15
16	32,73	2,659	28,64	2,812	34,34	2,662	30,25	2,816	35,95	2,666	31,86	2,819	16
17	28,48	2,650	24,13	2,812	30,08	2,653	25,73	2,815	31,68	2,657	27,34	2,819	17
18	24,25	2,640	19,64	2,812	25,84	2,644	21,23	2,816	27,44	2,647	22,83	2,819	18
19	20,05	2,631	15,15	2,812	21,64	2,635	16,75	2,816	23,23	2,638	18,34	2,819	19
20	1215,88	2,622	1210,69	2,814	1217,46	2,626	1212,27	2,817	1219,05	2,629	1213,86	2,821	20
21	11,73	2,614	06,23	2,816	13,31	2,617	07,81	2,819	14,89	2,620	09,39	2,822	21
22	07,62	2,605	01,79	2,817	09,19	2,608	03,37	2,821	10,77	2,611	04,94	2,824	22
23	03,53	2,596	1197,36	2,820	05,10	2,599	1198,93	2,823	06,67	2,603	00,50	2,827	23
24	1199,47	2,587	92,94	2,824	01,04	2,590	94,51	2,827	02,60	2,594	1196,07	2,830	24
25	1195,44	2,578	1188,53	2,828	1197,00	2,582	1190,09	2,832	1198,56	2,585	1191,65	2,835	25
26	91,43	2,570	84,13	2,832	92,99	2,573	85,68	2,835	94,54	2,576	87,23	2,839	26
27	87,46	2,561	79,73	2,838	89,00	2,564	81,28	2,841	90,55	2,568	82,83	2,844	27
28	83,50	2,553	75,34	2,843	85,05	2,556	76,88	2,846	86,59	2,559	78,43	2,850	28
29	79,58	2,544	70,96	2,850	81,12	2,547	72,50	2,853	82,65	2,551	74,03	2,856	29
30	1175,68	2,536	1166,58	2,858	1177,21	2,539	1168,11	2,861	1178,74	2,542	1169,64	2,865	30
31	71,80	2,527	62,20	2,866	73,33	2,531	63,72	2,869	74,86	2,534	65,25	2,872	31
32	67,96	2,519	57,82	2,874	69,48	2,522	59,34	2,877	71,00	2,526	60,86	2,881	32
33	64,13	2,511	53,44	2,884	65,65	2,514	54,96	2,887	67,17	2,517	56,48	2,890	33
34	60,33	2,503	49,07	2,894	61,85	2,506	50,58	2,897	63,36	2,509	52,09	2,900	34
35	1156,56	2,495	1144,69	2,906	1158,07	2,498	1146,19	2,909	1159,58	2,501	1147,70	2,913	35
36	1152,81		1140,30		1154,31		1141,80		1155,82		1143,31		36
t^0	γ mg	β mm	γ mg	β mm	γ mg	β mm	γ mg	β mm	γ mg	β mm	γ mg	β mm	t^0

	770 mm				771 mm				772 mm				
	Trockene Luft Air sec Dry air		50% feuchte Luft Air avec 50% d'humidité Air with 50% of moisture		Trockene Luft Air sec Dry air		50% feuchte Luft Air avec 50% d'humidité Air with 50% of moisture		Trockene Luft Air sec Dry air		50% feuchte Luft Air avec 50% d'humidité Air with 50% of moisture		
t°	γ mg	β mm	γ mg	β mm	γ mg	β mm	γ mg	β mm	γ mg	β mm	γ mg	β mm	t°
−1°	1315,05		1313,68		1316,76		1315,39		1318,47		1317,10		−1°
0°	1310,23	2,826	1308,76	2,885	1311,93	2,830	1310,46	2,889	1313,63	2,833	1312,16	2,892	0°
+1°	05,43	2,816	03,87	2,878	07,13	2,819	05,56	2,882	08,83	2,823	07,26	2,885	+1°
2	00,68	2,805	1299,00	2,872	02,37	2,809	00,69	2,876	04,06	2,813	02,38	2,880	2
3	1295,96	2,795	94,16	2,867	1297,64	2,799	1295,85	2,870	1299,32	2,802	1297,53	2,874	3
4	91,27	2,785	89,35	2,861	92,95	2,789	91,03	2,865	94,62	2,792	92,71	2,868	4
5	1286,62	2,775	1284,57	2,855	1288,29	2,779	1286,24	2,859	1289,96	2,782	1287,91	2,863	5
6	82,00	2,765	79,81	2,851	83,66	2,769	81,47	2 854	85,33	2,772	83,14	2,858	6
7	77,41	2,755	75,07	2,846	79,07	2,759	76,73	2,850	80,73	2,762	78,39	2,853	7
8	72,85	2,745	70,37	2,842	74,51	2,749	72,02	2,845	76,16	2,752	73,67	2,849	8
9	68,33	2,736	65,68	2,838	69,98	2,739	67,33	2,842	71,63	2,743	68,97	2,845	9
10	1263,84	2,726	1261,02	2,835	1265,48	2,729	1262,66	2,838	1267,13	2,733	1264,30	2,842	10
11	59,38	2,716	56,37	2,831	61,02	2,720	58,01	2,835	62,66	2,723	59,64	2,838	11
12	54,96	2,707	51,75	2,829	56,59	2,710	53,38	2,832	58,22	2,714	55,01	2,836	12
13	50,56	2,697	47,15	2,827	52,19	2,701	48,78	2,830	53,81	2,704	50,40	2,834	13
14	46,20	2,688	42,57	2,824	47,81	2,691	44,19	2,828	49,43	2,695	45,81	2,831	14
15	1241,86	2,678	1238,01	2,824	1243,47	2,682	1239,62	2,827	1245,09	2,685	1241,24	2,831	15
16	37,56	2,669	33,46	2,822	39,16	2,673	35,07	2,826	40,77	2,676	36,68	2,829	16
17	33,28	2,660	28,94	2,822	34,88	2,663	30,54	2,826	36,48	2,667	32,14	2,829	17
18	29,04	2,651	24,42	2,823	30,63	2,654	26,02	2,826	32,23	2,658	27,62	2,830	18
19	24,82	2,642	19,93	2,822	26,41	2,645	21,52	2,826	28,00	2,649	23,11	2,829	19
20	1220,63	2,633	1215,44	2,824	1222,22	2,636	1217,03	2,828	1223,80	2,640	1218,62	2,831	20
21	16,47	2,624	10,97	2,826	18,05	2,627	12,55	2,829	19,63	2,631	14,13	2,833	21
22	12,34	2,615	06,52	2,827	13,92	2,618	08,09	2,831	15,49	2,622	09,67	2,834	22
23	08,24	2,606	02,07	2,830	09,81	2,609	03,64	2,834	11,38	2,613	05,21	2,837	23
24	04,16	2,597	1197,63	2,834	05,73	2,601	1199,20	2,837	07,29	2,604	00,76	2,840	24
25	1200,12	2,588	1193,21	2,838	1201,67	2,592	1194,76	2,842	1203,23	2,595	1196,32	2,845	25
26	1196,09	2,580	88,79	2,842	1197,65	2,583	90,34	2,845	1199,20	2,586	91,89	2,849	26
27	92,10	2,571	84,38	2,848	93,65	2,574	85,92	2,851	95,20	2,578	87,47	2,854	27
28	88,13	2,563	79,97	2,853	89,68	2,566	81,51	2,856	91,22	2,569	83,06	2,860	28
29	84,19	2,554	75,57	2,860	85,73	2,557	77,11	2,863	87,27	2,561	78,65	2,866	29
30	1180,28	2,546	1171,17	2,868	1181,81	2,549	1172,71	2,871	1183,34	2,552	1174,24	2,875	30
31	76,39	2,537	66,78	2,876	77,92	2,541	68,31	2,879	79,44	2,544	69,83	2,882	31
32	72,52	2,529	62,39	2,884	74,05	2,532	63,91	2,887	75,57	2,536	65,43	2,891	32
33	68,69	2,521	58,00	2,893	70,20	2,524	59,51	2,897	71,72	2,527	61,03	2,900	33
34	64,87	2,512	53,60	2,904	66,39	2,516	55,12	2,907	67,90	2,519	56,63	2,910	34
35	1161,08	2,504	1149,21	2,916	1162,59	2,508	1150,72	2,919	1164,10	2,511	1152,23	2,922	35
36	1157,32		1144,81		1158,82		1146,31		1160,33		1147,82		36
t°	γ mg	β mm	γ mg	β mm	γ mg	β mm	γ mg	β mm	γ mg	β mm	γ mg	β mm	t°

	773 mm				774 mm				775 mm				
	Trockene Luft Air sec Dry air		50% feuchte Luft Air avec 50% d'humidité Air with 50% of moisture		Trockene Luft Air sec Dry air		50% feuchte Luft Air avec 50% d'humidité Air with 50% of moisture		Trockene Luft Air sec Dry air		50% feuchte Luft Air avec 50% d'humidité Air with 50% of moisture		
t^0	γ mg	β mm	γ mg	β mm	γ mg	β mm	γ mg	β mm	γ mg	β mm	γ mg	β mm	t^0
-1^0	1320,18		1318,81		1321,88		1320,52		1323,59		1322,22		-1^0
0^0	1315,33	2,837	1313,87	2,896	1317,03	2,841	1315,57	2,900	1318,73	2,844	1317,27	2,903	0^0
$+1^0$	10,52	2,827	08,95	2,889	12,22	2,830	10,65	2,893	13,91	2,834	12,34	2,896	$+1^0$
2	05,75	2,816	04,07	2,883	07,44	2,820	05,76	2,887	09,12	2,824	07,45	2,891	2
3	01,01	2,806	1299,21	2,878	02,69	2,810	00,89	2,881	04,37	2,813	02,58	2,885	3
4	1296,30	2,796	94,38	2,872	1297,98	2,800	1296,06	2,875	1299,65	2,803	1297,74	2,879	4
5	1291,63	2,786	1289,58	2,866	1293,30	2,789	1291,25	2,870	1294,97	2,793	1292,92	2,873	5
6	86,99	2,776	84,80	2,862	88,66	2,779	86,47	2,865	90,32	2,783	88,13	2,869	6
7	82,39	2,766	80,05	2,857	84,05	2,769	81,71	2,861	85,70	2,773	83,37	2,864	7
8	77,81	2,756	75,32	2,852	79,47	2,760	76,98	2,856	81,12	2,763	78,63	2,860	8
9	73,27	2,746	70,62	2,849	74,92	2,750	72,27	2,852	76,57	2,753	73,91	2,856	9
10	1268,77	2,737	1265,94	2,845	1270,41	2,740	1267,58	2,849	1272,05	2,744	1269,22	2,852	10
11	64,29	2,727	61,28	2,842	65,93	2,730	62,92	2,845	67,56	2,734	64,55	2,849	11
12	59,85	2,717	56,64	2,839	61,48	2,721	58,27	2,843	63,11	2,724	59,90	2,846	12
13	55,43	2,708	52,02	2,837	57,06	2,711	53,65	2,841	58,68	2,715	55,27	2,844	13
14	51,05	2,698	47,43	2,835	52,67	2,702	49,05	2,838	54,29	2,705	50,66	2,842	14
15	1246,70	2,689	1242,85	2,834	1248,31	2,692	1244,46	2,838	1249,93	2,696	1246,07	2,841	15
16	42,38	2,680	38,29	2,833	43,99	2,683	39,89	2,836	45,59	2,687	41,50	2,840	16
17	38,09	2,670	33,74	2,832	39,69	2,674	35,34	2,836	41,29	2,677	36,95	2,839	17
18	33,82	2,661	29,21	2,833	35,42	2,665	30,81	2,837	37,02	2,668	32,40	2,840	18
19	29,59	2,652	24,70	2,833	31,18	2,655	26,29	2,836	32,77	2,659	27,88	2,840	19
20	1225,39	2,643	1220,20	2,834	1226,97	2,646	1221,79	2,838	1228,56	2,650	1223,37	2,841	20
21	21,21	2,634	15,71	2,836	22,79	2,637	17,29	2,839	24,37	2,641	18,87	2,843	21
22	17,06	2,625	11,24	2,838	18,64	2,628	12,81	2,841	20,21	2,632	14,39	2,844	22
23	12,95	2,616	06,78	2,840	14,52	2,620	08,35	2,844	16,08	2,623	09,91	2,847	23
24	08,85	2,607	02,33	2,844	10,42	2,611	03,89	2,847	11,98	2,614	05,45	2,851	24
25	1204,79	2,599	1197,88	2,848	1206,35	2,602	1199,44	2,852	1207,91	2,605	1201,00	2,855	25
26	00,75	2,590	93,45	2,852	02,31	2,593	95,00	2,855	03,86	2,597	1196,55	2,859	26
27	1196,75	2,581	89,02	2,858	1198,29	2,585	90,57	2,861	1199,84	2,588	92,12	2,864	27
28	92,76	2,573	84,60	2,863	94,31	2,576	86,14	2,866	95,85	2,579	87,68	2,870	28
29	88,81	2,564	80,19	2,870	90,34	2,567	81,72	2,873	91,88	2,571	83,26	2,876	29
30	1184,88	2,556	1175,77	2,878	1186,41	2,559	1177,31	2,881	1187,94	2,562	1178,84	2,885	30
31	80,97	2,547	71,36	2,885	82,50	2,550	72,89	2,889	84,03	2,554	74,42	2,892	31
32	77,09	2,539	66,96	2,894	78,62	2,542	68,48	2,897	80,14	2,545	70,00	2,900	32
33	73,24	2,530	62,55	2,903	74,76	2,534	64,07	2,906	76,28	2,537	65,58	2,910	33
34	69,41	2,522	58,14	2,913	70,92	2,525	59,66	2,917	72,44	2,529	61,17	2,920	34
35	1165,61	2,514	1153,73	2,926	1167,12	2,517	1155,24	2,929	1168,62	2,521	1156,75	2,932	35
36	1161,83		1149,32		1163,33		1150,82		1164,84		1152,33		36
t^0	γ mg	β mm	γ mg	β mm	γ mg	β mm	γ mg	β mm	γ mg	β mm	γ mg	β mm	t^0

	776 mm				777 mm				778 mm				
	Trockene Luft / Air sec / Dry air		50% feuchte Luft / Air avec 50% d'humidité / Air with 50% of moisture		Trockene Luft / Air sec / Dry air		50% feuchte Luft / Air avec 50% d'humidité / Air with 50% of moisture		Trockene Luft / Air sec / Dry air		50% feuchte Luft / Air avec 50% d'humidité / Air with 50% of moisture		
t^0	γ mg	β mm	γ mg	β mm	γ mg	β mm	γ mg	β mm	γ mg	β mm	γ mg	β mm	t^0
−1°	1325,30		1323,93		1327,01		1325,64		1328,72		1327,35		−1°
0°	1320,44	2,848	1318,97	2,907	1322,14	2,852	1320,67	2,911	1323,84	2,855	1322,37	2,914	0°
+1°	15,61	2,838	14,04	2,900	17,30	2,841	15,73	2,904	19,00	2,845	17,43	2,907	+1°
2	10,81	2,827	09,14	2,894	12,50	2,831	10,83	2,898	14,19	2,834	12,51	2,902	2
3	06,06	2,817	04,26	2,888	07,74	2,821	05,94	2,892	09,42	2,824	07,63	2,896	3
4	01,33	2,807	1299,41	2,883	03,01	2,810	01,09	2,886	04,69	2,814	02,77	2,890	4
5	1296,64	2,797	1294,59	2,877	1298,31	2,800	1296,26	2,881	1299,98	2,804	1297,93	2,884	5
6	91,99	2,787	89,80	2,872	93,65	2,790	91,46	2,876	95,32	2,794	93,13	2,880	6
7	87,36	2,777	85,03	2,868	89,02	2,780	86,69	2,871	90,68	2,784	88,35	2,875	7
8	82,77	2,767	80,28	2,863	84,43	2,770	81,94	2,867	86,08	2,774	83,59	2,870	8
9	78,22	2,757	75,56	2,860	79,86	2,760	77,21	2,863	81,51	2,764	78,86	2,867	9
10	1273,69	2,747	1270,86	2,856	1275,33	2,751	1272,50	2,860	1276,97	2,754	1274,15	2,863	10
11	69,20	2,737	66,19	2,853	70,83	2,741	67,82	2,856	72,47	2,744	69,46	2,860	11
12	64,74	2,728	61,53	2,850	66,37	2,731	63,16	2,854	68,00	2,735	64,79	2,857	12
13	60,31	2,718	56,90	2,848	61,93	2,722	58,52	2,851	63,55	2,725	60,14	2,855	13
14	55,91	2,709	52,28	2,845	57,53	2,712	53,90	2,849	59,14	2,716	55,52	2,852	14
15	1251,54	2,699	1247,69	2,845	1253,15	2,703	1249,30	2,848	1254,76	2,706	1250,91	2,852	15
16	47,20	2,690	43,11	2,843	48,81	2,693	44,71	2,847	50,41	2,697	46,32	2,850	16
17	42,89	2,681	38,55	2,843	44,49	2,684	40,15	2,846	46,09	2,688	41,75	2,850	17
18	38,61	2,671	34,00	2,843	40,21	2,675	35,60	2,847	41,81	2,678	37,19	2,850	18
19	34,36	2,662	29,47	2,843	35,95	2,666	31,06	2,846	37,54	2,669	32,65	2,850	19
20	1230,14	2,653	1224,96	2,845	1231,73	2,657	1226,54	2,848	1233,31	2,660	1228,13	2,851	20
21	25,95	2,644	20,45	2,846	27,53	2,648	22,03	2,850	29,11	2,651	23,61	2,853	21
22	21,79	2,635	15,96	2,848	23,36	2,639	17,54	2,851	24,94	2,642	19,11	2,855	22
23	17,65	2,626	11,48	2,850	19,22	2,630	13,05	2,854	20,79	2,633	14,62	2,857	23
24	13,55	2,617	07,02	2,854	15,11	2,621	08,58	2,857	16,67	2,624	10,15	2,861	24
25	1209,47	2,609	1202,56	2,859	1211,03	2,612	1204,12	2,862	1212,58	2,615	1205,67	2,865	25
26	05,41	2,600	1198,11	2,862	06,97	2,603	1199,66	2,865	08,52	2,607	01,21	2,869	26
27	01,39	2,591	93,67	2,868	02,94	2,595	95,21	2,871	04,49	2,598	1196,76	2,874	27
28	1197,39	2,583	89,23	2,873	1198,93	2,586	90,77	2,876	00,48	2,589	92,31	2,880	28
29	93,42	2,574	84,80	2,880	94,96	2,577	86,34	2,883	1196,50	2,581	87,88	2,886	29
30	1189,47	2,565	1180,37	2,888	1191,01	2,569	1181,90	2,891	1192,54	2,572	1183,44	2,895	30
31	85,55	2,557	75,95	2,895	87,08	2,560	77,47	2,899	88,61	2,564	79,00	2,902	31
32	81,66	2,549	71,52	2,904	83,18	2,552	73,05	2,907	84,71	2,555	74,57	2,910	32
33	77,79	2,540	67,10	2,913	79,31	2,544	68,62	2,916	80,83	2,547	70,14	2,920	33
34	73,95	2,532	62,68	2,923	75,46	2,535	64,19	2,927	76,98	2,539	65,71	2,930	34
35	1170,13	2,524	1158,26	2,935	1171,64	2,527	1159,77	2,939	1173,15	2,530	1161,27	2,942	35
36	1166,34		1153,83		1167,84		1155,33		1169,34		1156,83		36
t^0	γ mg	β mm	γ mg	β mm	γ mg	β mm	γ mg	β mm	γ mg	β mm	γ mg	β mm	t^0

	779 mm				780 mm				781 mm				
	Trockene Luft / Air sec / Dry air		50% feuchte Luft / Air avec 50% d'humidité / Air with 50% of moisture		Trockene Luft / Air sec / Dry air		50% feuchte Luft / Air avec 50% d'humidité / Air with 50% of moisture		Trockene Luft / Air sec / Dry air		50% feuchte Luft / Air avec 50% d'humidité / Air with 50% of moisture		
t^0	γ mg	β mm	γ mg	β mm	γ mg	β mm	γ mg	β mm	γ mg	β mm	γ mg	β mm	t^0
−1°	1330,42		1329,05		1332,13		1330,76		1333,84		1332,47		−1°
0°	1325,54	2,859	1324,07	2,918	1327,24	2,863	1325,78	2,922	1328,94	2,866	1327,48	2,925	0°
+1°	20,69	2,849	19,12	2,911	22,39	2,852	20,82	2,915	24,08	2,856	22,52	2,918	+1°
2	15,88	2,838	14,20	2,905	17,57	2,842	15,89	2,909	19,26	2,845	17,58	2,912	2
3	11,10	2,828	09,31	2,899	12,79	2,831	10,99	2,903	14,47	2,835	12,68	2,907	3
4	06,36	2,818	04,44	2,894	08,04	2,821	06,12	2,897	09,72	2,825	07,80	2,901	4
5	1301,65	2,807	1299,60	2,888	1303,33	2,811	1301,28	2,891	1305,00	2,815	1302,95	2,895	5
6	1296,98	2,797	94,79	2,883	1298,65	2,801	1296,46	2,887	00,31	2,805	1298,12	2,890	6
7	92,34	2,787	90,00	2,878	94,00	2,791	91,66	2,882	1295,66	2,795	93,32	2,886	7
8	87,73	2,777	85,24	2,874	89,39	2,781	86,90	2,877	91,04	2,785	88,55	2,881	8
9	83,16	2,768	80,50	2,870	84,80	2,771	82,15	2,874	86,45	2,775	83,80	2,877	9
10	1278,62	2,758	1275,79	2,867	1280,26	2,761	1277,43	2,870	1281,90	2,765	1279,07	2,874	10
11	74,10	2,748	71,09	2,863	75,74	2,752	72,73	2,867	77,38	2,755	74,36	2,870	11
12	69,63	2,738	66,42	2,861	71,26	2,742	68,05	2,864	72,89	2,745	69,68	2,868	12
13	65,18	2,729	61,77	2,858	66,80	2,732	63,39	2,862	68,43	2,736	65,02	2,865	13
14	60,76	2,719	57,14	2,856	62,38	2,723	58,76	2,859	64,00	2,726	60,38	2,863	14
15	1256,38	2,710	1252,53	2,855	1257,99	2,713	1254,14	2,859	1259,60	2,717	1255,75	2,862	15
16	52,02	2,700	47,93	2,854	53,63	2,704	49,54	2,857	55,24	2,707	51,14	2,861	16
17	47,70	2,691	43,35	2,853	49,30	2,695	44,95	2,857	50,90	2,698	46,56	2,860	17
18	43,40	2,682	38,79	2,854	45,00	2,685	40,39	2,857	46,59	2,689	41,98	2,861	18
19	39,14	2,673	34,24	2,853	40,73	2,676	35,83	2,857	42,32	2,679	37,42	2,860	19
20	1234,90	2,663	1229,71	2,855	1236,48	2,667	1231,30	2,858	1238,07	2,670	1232,88	2,862	20
21	30,69	2,654	25,19	2,856	32,27	2,658	26,77	2,860	33,85	2,661	28,35	2,863	21
22	26,51	2,645	20,69	2,858	28,09	2,649	22,26	2,861	29,66	2,652	23,84	2,865	22
23	22,36	2,636	16,19	2,861	23,93	2,640	17,76	2,864	25,50	2,643	19,33	2,867	23
24	18,24	2,628	11,71	2,864	19,80	2,631	13,27	2,867	21,37	2,634	14,84	2,871	24
25	1214,14	2,619	1207,23	2,869	1215,70	2,622	1208,79	2,872	1217,26	2,625	1210,35	2,875	25
26	10,07	2,610	02,77	2,872	11,63	2,613	04,32	2,876	13,18	2,617	05,87	2,879	26
27	06,03	2,601	1198,31	2,878	07,58	2,605	1199,86	2,881	09,13	2,608	01,41	2,884	27
28	02,02	2,593	93,86	2,883	03,56	2,596	95,40	2,886	05,11	2,599	1196,94	2,890	28
29	1198,03	2,584	89,41	2,890	1199,57	2,587	90,95	2,893	01,11	2,591	92,49	2,896	29
30	1194,07	2,575	1184,97	2,898	1195,61	2,579	1186,50	2,901	1197,14	2,582	1188,04	2,904	30
31	90,14	2,567	80,53	2,905	91,67	2,570	82,06	2,909	93,19	2,574	83,58	2,912	31
32	86,23	2,558	76,09	2,914	87,75	2,562	77,62	2,917	89,28	2,565	79,14	2,920	32
33	82,35	2,550	71,66	2,923	83,86	2,553	73,17	2,926	85,38	2,557	74,69	2,929	33
34	78,49	2,542	67,22	2,933	80,00	2,545	68,73	2,936	81,51	2,548	70,25	2,940	34
35	1174,66	2,534	1162,78	2,945	1176,16	2,537	1164,29	2,948	1177,67	2,540	1165,80	2,952	35
36	1170,85		1158,34		1172,35		1159,84		1173,85		1161,34		36
t^0	γ mg	β mm	γ mg	β mm	γ mg	β mm	γ mg	β mm	γ mg	β mm	γ mg	β mm	t^0

	782 mm				783 mm				784 mm				
	Trockene Luft / Air sec / Dry air		50% feuchte Luft / Air avec 50% d'humidité / Air with 50% of moisture		Trockene Luft / Air sec / Dry air		50% feuchte Luft / Air avec 50% d'humidité / Air with 50% of moisture		Trockene Luft / Air sec / Dry air		50% feuchte Luft / Air avec 50% d'humidité / Air with 50% of moisture		
t^0	γ mg	β mm	γ mg	β mm	γ mg	β mm	γ mg	β mm	γ mg	β mm	γ mg	β mm	t^0
−1°	1335,55		1334,18		1337,25		1335,89		1338,96		1337,59		−1°
0°	1330,65	2,870	1329,18	2,929	1332,35	2,874	1330,88	2,933	1334,05	2,877	1332,58	2,936	0°
+1°	25,78	2,859	24,21	2,922	27,47	2,863	25,91	2,926	29,17	2,867	27,60	2,929	+1°
2	20,95	2,849	19,27	2,916	22,64	2,853	20,96	2,920	24,33	2,856	22,65	2,923	2
3	16,15	2,839	14,36	2,910	17,84	2,842	16,04	2,914	19,52	2,846	17,72	2,917	3
4	11,39	2,828	09,48	2,904	13,07	2,832	11,15	2,908	14,75	2,836	12,83	2,912	4
5	1306,67	2,818	1304,62	2,899	1308,34	2,822	1306,29	2,902	1310,01	2,825	1307,96	2,906	5
6	01,98	2,808	1299,79	2,894	03,64	2,812	01,45	2,897	05,31	2,815	03,12	2,901	6
7	1297,32	2,798	94,98	2,889	1298,98	2,802	1296,64	2,893	00,63	2,805	1298,30	2,896	7
8	92,69	2,788	90,20	2,885	94,34	2,792	91,86	2,888	1296,00	2,795	93,51	2,892	8
9	88,10	2,778	85,44	2,881	89,75	2,782	87,09	2,884	91,39	2,785	88,74	2,888	9
10	1283,54	2,768	1280,71	2,877	1285,18	2,772	1282,35	2,881	1286,82	2,775	1283,99	2,884	10
11	79,01	2,759	76,00	2,874	80,65	2,762	77,64	2,877	82,28	2,766	79,27	2,881	11
12	74,52	2,749	71,31	2,871	76,15	2,752	72,94	2,875	77,77	2,756	74,57	2,878	12
13	70,05	2,739	66,64	2,869	71,67	2,743	68,26	2,872	73,30	2,746	69,89	2,876	13
14	65,62	2,730	61,99	2,866	67,24	2,733	63,61	2,870	68,85	2,737	65,23	2,873	14
15	1261,22	2,720	1257,36	2,866	1262,83	2,724	1258,98	2,869	1264,44	2,727	1260,59	2,872	15
16	56,84	2,711	52,75	2,864	58,45	2,714	54,36	2,868	60,06	2,718	55,97	2,871	16
17	52,50	2,701	48,16	2,864	54,10	2,705	49,76	2,867	55,70	2,708	51,36	2,870	17
18	48,19	2,692	43,58	2,864	49,79	2,696	45,17	2,867	51,38	2,699	46,77	2,871	18
19	43,91	2,683	39,01	2,864	45,50	2,686	40,61	2,867	47,09	2,690	42,20	2,870	19
20	1239,65	2,674	1234,47	2,865	1241,24	2,677	1236,05	2,869	1242,82	2,681	1237,64	2,872	20
21	35,43	2,665	29,93	2,867	37,01	2,668	31,51	2,870	38,59	2,671	33,09	2,873	21
22	31,24	2,656	25,41	2,868	32,81	2,659	26,98	2,872	34,38	2,662	28,56	2,875	22
23	27,07	2,647	20,90	2,871	28,64	2,650	22,47	2,874	30,21	2,653	24,04	2,878	23
24	22,93	2,638	16,40	2,874	24,49	2,641	17,96	2,878	26,06	2,644	19,53	2,881	24
25	1218,82	2,629	1211,91	2,879	1220,38	2,632	1213,47	2,882	1221,94	2,636	1215,03	2,885	25
26	14,74	2,620	07,43	2,882	16,29	2,623	08,98	2,886	17,84	2,627	10,53	2,889	26
27	10,68	2,611	02,95	2,888	12,23	2,615	04,50	2,891	13,78	2,618	06,05	2,894	27
28	06,65	2,603	1198,49	2,893	08,19	2,606	00,03	2,896	09,74	2,609	01,57	2,900	28
29	02,65	2,594	94,03	2,899	04,19	2,597	1195,56	2,903	05,72	2,601	1197,10	2,906	29
30	1198,67	2,585	1189,57	2,908	1200,20	2,589	1191,10	2,911	1201,74	2,592	1192,63	2,914	30
31	94,72	2,577	85,11	2,915	1196,25	2,580	86,64	2,918	1197,78	2,583	88,17	2,922	31
32	90,80	2,568	80,66	2,923	92,32	2,572	82,18	2,927	93,84	2,575	83,71	2,930	32
33	86,90	2,560	76,21	2,933	88,42	2,563	77,73	2,936	89,94	2,566	79,24	2,939	33
34	83,03	2,552	71,76	2,943	84,54	2,555	73,27	2,946	86,05	2,558	74,78	2,949	34
35	1179,18	2,543	1167,31	2,955	1180,69	2,547	1168,81	2,958	1182,20	2,550	1170,32	2,961	35
36	1175,36		1162,85		1176,86		1164,35		1178,36		1165,85		36
t^0	γ mg	β mm	γ mg	β mm	γ mg	β mm	γ mg	β mm	γ mg	β mm	γ mg	β mm	t^0

	785 mm				786 mm				787 mm				
	Trockene Luft Air sec Dry air		50% feuchte Luft Air avec 50% d'humidité Air with 50% of moisture		Trockene Luft Air sec Dry air		50% feuchte Luft Air avec 50% d'humidité Air with 50% of moisture		Trockene Luft Air sec Dry air		50% feuchte Luft Air avec 50% d'humidité Air with 50% of moisture		
t^0	γ mg	β mm	γ mg	β mm	γ mg	β mm	γ mg	β mm	γ mg	β mm	γ mg	β mm	t^0
−1°	1340,67		1339,30		1342,38		1341,01		1344,09		1342,72		−1°
0°	1335,75	2,881	1334,28	2,940	1337,45	2,885	1335,99	2,944	1339,15	2,888	1337,69	2,947	0°
+1°	30,87	2,870	29,30	2,933	32,56	2,874	30,99	2,937	34,26	2,878	32,69	2,940	+1°
2	26,02	2,860	24,34	2,927	27,71	2,864	26,03	2,931	29,40	2,867	27,72	2,934	2
3	21,20	2,850	19,41	2,921	22,89	2,853	21,09	2,925	24,57	2,857	22,77	2,928	3
4	16,42	2,839	14,51	2,915	18,10	2,843	16,18	2,919	19,78	2,847	17,86	2,922	4
5	1311,68	2,829	1309,63	2,909	1313,35	2,833	1311,30	2,913	1315,02	2,836	1312,97	2,917	5
6	06,97	2,819	04,78	2,905	08,64	2,823	06,45	2,908	10,30	2,826	08,11	2,912	6
7	02,29	2,809	1299,96	2,900	03,95	2,812	01,62	2,903	05,61	2,816	03,28	2,907	7
8	1297,65	2,799	95,16	2,895	1299,30	2,802	1296,81	2,899	00,96	2,806	1298,47	2,902	8
9	93,04	2,789	90,39	2,892	94,69	2,792	92,03	2,895	1296,34	2,796	93,68	2,899	9
10	1288,46	2,779	1285,64	2,888	1290,10	2,783	1287,28	2,891	1291,75	2,786	1288,92	2,895	10
11	83,92	2,769	80,91	2,884	85,55	2,773	82,54	2,888	87,19	2,776	84,18	2,891	11
12	79,40	2,759	76,20	2,882	81,03	2,763	77,83	2,885	82,66	2,766	79,46	2,889	12
13	74,92	2,750	71,51	2,879	76,55	2,753	73,14	2,883	78,17	2,757	74,76	2,886	13
14	70,47	2,740	66,85	2,877	72,09	2,744	68,47	2,880	73,71	2,747	70,09	2,884	14
15	1266,05	2,731	1262,20	2,876	1267,67	2,734	1263,81	2,879	1269,28	2,738	1265,43	2,883	15
16	61,66	2,721	57,57	2,874	63,27	2,725	59,18	2,878	64,88	2,728	60,79	2,881	16
17	57,31	2,712	52,96	2,874	58,91	2,715	54,56	2,877	60,51	2,719	56,17	2,881	17
18	52,98	2,702	48,37	2,874	54,57	2,706	49,96	2,878	56,17	2,709	51,56	2,881	18
19	48,68	2,693	43,79	2,874	50,27	2,697	45,38	2,877	51,86	2,700	46,97	2,881	19
20	1244,41	2,684	1239,22	2,875	1246,00	2,687	1240,81	2,879	1247,58	2,691	1242,39	2,882	20
21	40,17	2,675	34,67	2,877	41,75	2,678	36,25	2,880	43,33	2,682	37,83	2,884	21
22	35,96	2,666	30,13	2,878	37,53	2,669	31,71	2,882	39,11	2,673	33,28	2,885	22
23	31,78	2,657	25,61	2,881	33,34	2,660	27,18	2,884	34,91	2,663	28,74	2,888	23
24	27,62	2,648	21,09	2,884	29,18	2,651	22,66	2,888	30,75	2,655	24,22	2,891	24
25	1223,49	2,639	1216,58	2,889	1225,05	2,642	1218,14	2,892	1226,61	2,646	1219,70	2,895	25
26	19,40	2,630	12,09	2,892	20,95	2,633	13,64	2,896	22,50	2,637	15,19	2,899	26
27	15,32	2,621	07,60	2,898	16,87	2,625	09,15	2,901	18,42	2,628	10,70	2,904	27
28	11,28	2,613	03,12	2,903	12,82	2,616	04,66	2,906	14,36	2,619	06,20	2,910	28
29	07,26	2,604	1198,64	2,909	08,80	2,607	00,18	2,913	10,34	2,610	01,72	2,916	29
30	1203,27	2,595	1194,17	2,918	1204,80	2,599	1195,70	2,921	1206,34	2,602	1197,23	2,924	30
31	1199,30	2,587	89,70	2,925	00,83	2,590	91,22	2,928	02,36	2,593	92,75	2,932	31
32	95,37	2,578	85,23	2,933	1196,89	2,581	86,75	2,937	1198,41	2,585	88,27	2,940	32
33	91,45	2,570	80,76	2,942	92,97	2,573	82,28	2,946	94,49	2,576	83,80	2,949	33
34	87,57	2,561	76,30	2,953	89,08	2,565	77,81	2,956	90,59	2,568	79,32	2,959	34
35	1183,70	2,553	1171,83	2,965	1185,21	2,556	1173,34	2,968	1186,72	2,560	1174,84	2,971	35
36	1179,87		1167,36		1181,37		1168,86		1182,87		1170,36		36
t^0	γ mg	β mm	γ mg	β mm	γ mg	β mm	γ mg	β mm	γ mg	β mm	γ mg	β mm	t^0

	788 mm				789 mm				790 mm				
	Trockene Luft Air sec Dry air		50% feuchte Luft Air avec 50% d'humidité Air with 50% of moisture		Trockene Luft Air sec Dry air		50% feuchte Luft Air avec 50% d'humidité Air with 50% of moisture		Trockene Luft Air sec Dry air		50% feuchte Luft Air avec 50% d'humidité Air with 50% of moisture		
t^0	γ mg	β mm	γ mg	β mm	γ mg	β mm	γ mg	β mm	γ mg	β mm	γ mg	β mm	t^0
−1⁰	1345,79		1344,43		1347,50		1346,13		1349,21		1347,84		−1⁰
0⁰	1340,85	2,892	1339,39	2,951	1342,56	2,896	1341,09	2,955	1344,26	2,899	1342,79	2,958	0⁰
+1⁰	35,95	2,881	34,38	2,944	37,65	2,885	36,08	2,948	39,34	2,889	37,77	2,951	+1⁰
2	31,08	2,871	29,41	2,938	32,77	2,875	31,10	2,942	34,46	2,878	32,78	2,945	2
3	26,25	2,861	24,46	2,932	27,94	2,864	26,14	2,936	29,62	2,868	27,82	2,939	3
4	21,46	2,850	19,54	2,926	23,13	2,854	21,21	2,930	24,81	2,857	22,89	2,933	4
5	1316,69	2,840	1314,64	2,920	1318,36	2,843	1316,31	2,924	1320,04	2,847	1317,98	2,927	5
6	11,97	2,830	09,78	2,915	13,63	2,833	11,44	2,919	15,29	2,837	13,11	2,923	6
7	07,27	2,820	04,94	2,911	08,93	2,823	06,59	2,914	10,59	2,827	08,25	2,918	7
8	02,61	2,810	00,12	2,906	04,26	2,813	01,77	2,909	05,92	2,817	03,43	2,913	8
9	1297,98	2,800	1295,33	2,902	1299,63	2,803	1296,97	2,906	01,28	2,807	1298,62	2,909	9
10	1293,39	2,790	1290,56	2,898	1295,03	2,793	1292,20	2,902	1296,67	2,797	1293,84	2,906	10
11	88,82	2,780	85,81	2,895	90,46	2,783	87,45	2,898	92,10	2,787	89,08	2,902	11
12	84,29	2,770	81,09	2,892	85,92	2,774	82,72	2,896	87,55	2,777	84,35	2,899	12
13	79,80	2,760	76,39	2,890	81,42	2,764	78,01	2,893	83,04	2,767	79,63	2,897	13
14	75,33	2,751	71,70	2,887	76,95	2,754	73,32	2,891	78,57	2,758	74,94	2,894	14
15	1270,89	2,741	1267,04	2,886	1272,50	2,745	1268,65	2,890	1274,12	2,748	1270,27	2,893	15
16	66,49	2,732	62,39	2,885	68,09	2,735	64,00	2,888	69,70	2,739	65,61	2,892	16
17	62,11	2,722	57,77	2,884	63,71	2,726	59,37	2,888	65,31	2,729	60,97	2,891	17
18	57,77	2,713	53,15	2,885	59,36	2,716	54,75	2,888	60,96	2,720	56,35	2,892	18
19	53,45	2,703	48,56	2,884	55,04	2,707	50,15	2,888	56,63	2,710	51,74	2,891	19
20	1249,17	2,694	1243,98	2,886	1250,75	2,698	1245,56	2,889	1252,34	2,701	1247,15	2,892	20
21	44,91	2,685	39,41	2,887	46,49	2,688	40,99	2,891	48,07	2,692	42,57	2,894	21
22	40,68	2,676	34,86	2,889	42,26	2,679	36,43	2,892	43,83	2,683	38,01	2,895	22
23	36,48	2,667	30,31	2,891	38,05	2,670	31,88	2,894	39,62	2,674	33,45	2,898	23
24	32,31	2,658	25,78	2,894	33,88	2,661	27,35	2,898	35,44	2,665	28,91	2,901	24
25	1228,17	2,649	1221,26	2,899	1229,73	2,652	1222,82	2,902	1231,29	2,656	1224,38	2,906	25
26	24,06	2,640	16,75	2,902	25,61	2,643	18,30	2,906	27,16	2,647	19,85	2,909	26
27	19,97	2,631	12,24	2,908	21,52	2,635	13,79	2,911	23,06	2,638	15,34	2,914	27
28	15,91	2,623	07,74	2,913	17,45	2,626	09,29	2,916	18,99	2,629	10,83	2,920	28
29	11,87	2,614	03,25	2,919	13,41	2,617	04,79	2,923	14,95	2,620	06,33	2,926	29
30	1207,87	2,605	1198,76	2,928	1209,40	2,608	1200,30	2,931	1210,93	2,612	1201,83	2,934	30
31	03,89	2,597	94,28	2,935	05,42	2,600	1195,81	2,938	06,94	2,603	1197,33	2,941	31
32	1199,93	2,588	89,80	2,943	01,46	2,591	91,32	2,946	02,98	2,595	92,84	2,950	32
33	96,01	2,580	85,32	2,952	1197,52	2,583	86,83	2,956	1199,04	2,586	88,35	2,959	33
34	92,10	2,571	80,84	2,962	93,62	2,574	82,35	2,966	95,13	2,578	83,86	2,969	34
35	1188,23	2,563	1176,35	2,974	1189,73	2,566	1177,86	2,978	1191,24	2,569	1179,37	2,981	35
36	1184,37		1171,86		1185,88		1173,37		1187,38		1174,87		36
t^0	γ mg	β mm	γ mg	β mm	γ mg	β mm	γ mg	β mm	γ mg	β mm	γ mg	β mm	t^0

Tabelle VI

Korrektionen der Werte γ_t^b für Luft mit anderer relativer Feuchtigkeit als 50%.

Die Zahlenwerte $\Delta\gamma_t^b$ dieser Tabelle sind zu den entsprechenden Zahlenwerten γ_t^b für 50% feuchte Luft der Haupttabelle V zu addieren.

Table VI

Corrections des valeurs γ_t^b pour l'air avec une humidité relative différente de 50%.

Les valeurs $\Delta\gamma_t^b$ de cette table doivent être ajoutées aux valeurs correspondantes γ_t^b pour l'air avec 50% d'humidité (contenues dans la table principale V).

Table VI

Corrections of the Values γ_t^b for Air with another Proportion of Relative Moisture than 50%.

The values $\Delta\gamma_t^b$ of this table must be added to the appertaining values of γ_t^b for air of 50% moisture in the chief table V.

$$\Delta\gamma_t^b \, f\% = \tfrac{1}{50}\left(\gamma_t^b \, 0\% - \gamma_t^b \, 50\%\right) \cdot (50-f) \qquad \ldots \ldots \ldots (27)$$

f%	10%	20%	30%	40%	50%	60%	70%	80%	90%	100%	f%
t^0	$\Delta\gamma$ mg	$\Delta\gamma$ mg	$\Delta\gamma$ mg	$\Delta\gamma$ mg	$\Delta\gamma$ mg	$\Delta\gamma$ mg	$\Delta\gamma$ mg	$\Delta\gamma$ mg	$\Delta\gamma$ mg	$\Delta\gamma$ mg	t^0
−1°	+ 1,09	+ 0,82	+ 0,55	+ 0,27	0,00	− 0,27	− 0,55	− 0,82	− 1,09	− 1,37	−1°
0°	+ 1,17	+ 0,88	+ 0,59	+ 0,29	0,00	− 0,29	− 0,59	− 0,88	− 1,17	− 1,47	0°
+1°	+ 1,25	+ 0,94	+ 0,63	+ 0,31	0,00	− 0,31	− 0,63	− 0,94	− 1,25	− 1,57	+1°
2	+ 1,34	+ 1,01	+ 0,67	+ 0,33	0,00	− 0,33	− 0,67	− 1,01	− 1,34	− 1,68	2
3	+ 1,44	+ 1,08	+ 0,72	+ 0,36	0,00	− 0,36	− 0,72	− 1,08	− 1,44	− 1,80	3
4	+ 1,53	+ 1,15	+ 0,77	+ 0,38	0,00	− 0,38	− 0,77	− 1,15	− 1,53	− 1,92	4
5	+ 1,64	+ 1,23	+ 0,82	+ 0,41	0,00	− 0,41	− 0,82	− 1,23	− 1,64	− 2,05	5
6	+ 1,75	+ 1,31	+ 0,87	+ 0,44	0,00	− 0,44	− 0,87	− 1,31	− 1,75	− 2,19	6
7	+ 1,87	+ 1,40	+ 0,93	+ 0,47	0,00	− 0,47	− 0,93	− 1,40	− 1,87	− 2,34	7
8	+ 1,99	+ 1,49	+ 1,00	+ 0,50	0,00	− 0,50	− 1,00	− 1,49	− 1,99	− 2,49	8
9	+ 2,12	+ 1,59	+ 1,06	+ 0,53	0,00	− 0,53	− 1,06	− 1,59	− 2,12	− 2,66	9
10	+ 2,26	+ 1,70	+ 1,13	+ 0,56	0,00	− 0,56	− 1,13	− 1,70	− 2,26	− 2,83	10
11	+ 2,41	+ 1,81	+ 1,20	+ 0,60	0,00	− 0,60	− 1,20	− 1,81	− 2,41	− 3,01	11
12	+ 2,56	+ 1,92	+ 1,28	+ 0,64	0,00	− 0,64	− 1,28	− 1,92	− 2,56	− 3,20	12
13	+ 2,73	+ 2,05	+ 1,36	+ 0,68	0,00	− 0,68	− 1,36	− 2,05	− 2,73	− 3,41	13
14	+ 2,90	+ 2,17	+ 1,45	+ 0,72	0,00	− 0,72	− 1,45	− 2,17	− 2,90	− 3,62	14
15	+ 3,08	+ 2,31	+ 1,54	+ 0,77	0,00	− 0,77	− 1,54	− 2,31	− 3,08	− 3,85	15
16	+ 3,27	+ 2,45	+ 1,64	+ 0,82	0,00	− 0,82	− 1,64	− 2,45	− 3,27	− 4,09	16
17	+ 3,47	+ 2,61	+ 1,74	+ 0,87	0,00	− 0,87	− 1,74	− 2,61	− 3,47	− 4,34	17
18	+ 3,69	+ 2,77	+ 1,84	+ 0,92	0,00	− 0,92	− 1,84	− 2,77	− 3,69	− 4,61	18
19	+ 3,91	+ 2,93	+ 1,96	+ 0,98	0,00	− 0,98	− 1,96	− 2,93	− 3,91	− 4,89	19
20	+ 4,15	+ 3,11	+ 2,07	+ 1,04	0,00	− 1,04	− 2,07	− 3,11	− 4,15	− 5,19	20
21	+ 4,40	+ 3,30	+ 2,20	+ 1,10	0,00	− 1,10	− 2,20	− 3,30	− 4,40	− 5,50	21
22	+ 4,66	+ 3,49	+ 2,33	+ 1,16	0,00	− 1,16	− 2,33	− 3,49	− 4,66	− 5,83	22
23	+ 4,93	+ 3,70	+ 2,47	+ 1,23	0,00	− 1,23	− 2,47	− 3,70	− 4,93	− 6,17	23
24	+ 5,22	+ 3,92	+ 2,61	+ 1,30	0,00	− 1,30	− 2,61	− 3,92	− 5,22	− 6,53	24
25	+ 5,53	+ 4,14	+ 2,76	+ 1,38	0,00	− 1,38	− 2,76	− 4,14	− 5,53	− 6,91	25
26	+ 5,85	+ 4,38	+ 2,92	+ 1,46	0,00	− 1,46	− 2,92	− 4,38	− 5,85	− 7,31	26
27	+ 6,18	+ 4,63	+ 3,09	+ 1,54	0,00	− 1,54	− 3,09	− 4,63	− 6,18	− 7,72	27
28	+ 6,53	+ 4,90	+ 3,26	+ 1,63	0,00	− 1,63	− 3,26	− 4,90	− 6,53	− 8,16	28
29	+ 6,90	+ 5,45	+ 3,45	+ 1,72	0,00	− 1,72	− 3,45	− 5,45	− 6,90	− 8,62	29
30	+ 7,28	+ 5,46	+ 3,64	+ 1,82	0,00	− 1,82	− 3,64	− 5,46	− 7,28	− 9,10	30
31	+ 7,69	+ 5,76	+ 3,84	+ 1,92	0,00	− 1,92	− 3,84	− 5,76	− 7,69	− 9,61	31
32	+ 8,11	+ 6,08	+ 4,05	+ 2,03	0,00	− 2,03	− 4,05	− 6,08	− 8,11	−10,14	32
33	+ 8,55	+ 6,41	+ 4,28	+ 2,13	0,00	− 2,13	− 4,28	− 6,41	− 8,55	−10,69	33
34	+ 9,01	+ 6,76	+ 4,51	+ 2,25	0,00	− 2,25	− 4,51	− 6,76	− 9,01	−11,27	34
35	+ 9,50	+ 7,12	+ 4,75	+ 2,37	0,00	− 2,37	− 4,75	− 7,12	− 9,50	−11,87	35
36	+10,01	+ 7,51	+ 5,00	+ 2,50	0,00	− 2,50	− 5,00	− 7,51	−10,01	−12,51	36
t^0	$\Delta\gamma$ mg	$\Delta\gamma$ mg	$\Delta\gamma$ mg	$\Delta\gamma$ mg	$\Delta\gamma$ mg	$\Delta\gamma$ mg	$\Delta\gamma$ mg	$\Delta\gamma$ mg	$\Delta\gamma$ mg	$\Delta\gamma$ mg	t^0

Exemp. $\gamma_{20^0}^{716\,mm}\,30\%\,f = \gamma_{20}^{716}\,50\%$ (Tab. V) + Korr. 30% f (Tab. VI) = 1129,84 + 2,07 = 1131,91 mg.

Tabelle VI
Korrektionen der Werte β_t^b für Luft mit anderer relativer Feuchtigkeit als 50%.

Die Zahlenwerte $\Delta\beta_t^b$ dieser Tabelle sind zu den entsprechenden Zahlenwerten β_t^b für 50% feuchte Luft der Haupttabelle V zu addieren.

Table VI
Corrections des valeurs β_t^b pour l'air avec une 'humidité relative différente de 50%.

Les valeurs $\Delta\beta_t^b$ de cette table doivent être ajoutées aux valeurs correspondantes β_t^b pour l'air avec 50% d'humidité (contenues dans la table principale V).

Table VI
Corrections of the Values β_t^b for Air with another Proportion of Relative Moisture than 50%.

The values $\Delta\beta_t^b$ of this table must be added to the appertaining values of β_t^b for air of 50% moisture in the chief table V.

$$\Delta\beta_t^b \; f\% = \frac{1}{50}\left(\beta_t^b \; 0\% - \beta_t^b \; 50\%\right) \cdot (50 - f) \qquad (28)$$

f%	10%	20%	30%	40%	50%	60%	70%	80%	90%	100%	f%
t°	Δβ mm	Δβ mm	Δβ mm	Δβ mm	Δβ mm	Δβ mm	Δβ mm	Δβ mm	Δβ mm	Δβ mm	t°
−1°											−1°
0°	− 0,047	− 0,035	− 0,024	− 0,012	0,00	+ 0,012	+ 0,024	+ 0,035	+ 0,047	− 0,059	0°
+1°	− 0,050	− 0,038	− 0,025	− 0,013	0,00	+ 0,013	+ 0,025	+ 0,038	+ 0,050	− 0,063	+1°
2	− 0,054	− 0,040	− 0,027	− 0,013	0,00	+ 0,013	+ 0,027	+ 0,040	+ 0,054	− 0,067	2
3	− 0,057	− 0,043	− 0,028	− 0,014	0,00	+ 0,014	+ 0,028	+ 0,043	+ 0,057	− 0,071	3
4	− 0,061	− 0,046	− 0,030	− 0,015	0,00	+ 0,015	+ 0,030	+ 0,046	+ 0,061	− 0,076	4
5	− 0,064	− 0,048	− 0,032	− 0,016	0,00	+ 0,016	+ 0,032	+ 0,048	+ 0,064	− 0,080	5
6	− 0,069	− 0,052	− 0,034	− 0,017	0,00	+ 0,017	+ 0,034	+ 0,052	+ 0,069	− 0,086	6
7	− 0,073	− 0,055	− 0,036	− 0,018	0,00	+ 0,018	+ 0,036	+ 0,055	+ 0,073	− 0,091	7
8	− 0,077	− 0,058	− 0,038	− 0,019	0,00	+ 0,019	+ 0,038	+ 0,058	+ 0,077	− 0,096	8
9	− 0,082	− 0,062	− 0,041	− 0,021	0,00	+ 0,021	+ 0,041	+ 0,062	+ 0,082	− 0,103	9
10	− 0,087	− 0,065	− 0,044	− 0,022	0,00	+ 0,022	+ 0,044	+ 0,065	+ 0,087	− 0,109	10
11	− 0,092	− 0,069	− 0,046	− 0,023	0,00	+ 0,023	+ 0,046	+ 0,069	+ 0,092	− 0,115	11
12	− 0,098	− 0,073	− 0,049	− 0,024	0,00	+ 0,024	+ 0,049	+ 0,073	+ 0,098	− 0,122	12
13	− 0,104	− 0,078	− 0,052	− 0,026	0,00	+ 0,026	+ 0,052	+ 0,078	+ 0,104	− 0,130	13
14	− 0,109	− 0,082	− 0,054	− 0,027	0,00	+ 0,027	+ 0,054	+ 0,082	+ 0,109	− 0,136	14
15	− 0,116	− 0,087	− 0,058	− 0,029	0,00	+ 0,029	+ 0,058	+ 0,087	+ 0,116	− 0,145	15
16	− 0,123	− 0,092	− 0,061	− 0,031	0,00	+ 0,031	+ 0,061	+ 0,092	+ 0,123	− 0,154	16
17	− 0,130	− 0,197	− 0,065	− 0,032	0,00	+ 0,032	+ 0,065	+ 0,097	+ 0,130	− 0,163	17
18	− 0,138	− 0,103	− 0,069	− 0,034	0,00	+ 0,034	+ 0,069	+ 0,103	+ 0,138	− 0,172	18
19	− 0,145	− 0,109	− 0,072	− 0,036	0,00	+ 0,036	+ 0,072	+ 0,109	+ 0,145	− 0,181	19
20	− 0,153	− 0,115	− 0,077	− 0,038	0,00	+ 0,038	+ 0,077	+ 0,115	+ 0,153	− 0,192	20
21	− 0,161	− 0,121	− 0,081	− 0,040	0,00	+ 0,040	+ 0,081	+ 0,121	+ 0,161	− 0,202	21
22	− 0,170	− 0,127	− 0,085	− 0,042	0,00	+ 0,042	+ 0,085	+ 0,127	+ 0,170	− 0,213	22
23	− 0,179	− 0,134	− 0,090	− 0,045	0,00	+ 0,045	+ 0,090	+ 0,134	+ 0,179	− 0,224	23
24	− 0,190	− 0,142	− 0,095	− 0,047	0,00	+ 0,047	+ 0,095	+ 0,142	+ 0,190	− 0,237	24
25	− 0,200	− 0,150	− 0,100	− 0,050	0,00	+ 0,050	+ 0,100	+ 0,150	+ 0,200	− 0,250	25
26	− 0,210	− 0,157	− 0,105	− 0,052	0,00	+ 0,052	+ 0,105	+ 0,157	+ 0,210	− 0,263	26
27	− 0,221	− 0,166	− 0,110	− 0,055	0,00	+ 0,055	+ 0,110	+ 0,166	+ 0,221	− 0,276	27
28	− 0,233	− 0,175	− 0,116	− 0,058	0,00	+ 0,058	+ 0,116	+ 0,175	+ 0,233	− 0,291	28
29	− 0,244	− 0,183	− 0,122	− 0,061	0,00	+ 0,061	+ 0,122	+ 0,183	+ 0,244	− 0,306	29
30	− 0,258	− 0,193	− 0,129	− 0,064	0,00	+ 0,064	+ 0,129	+ 0,193	+ 0,258	− 0,322	30
31	− 0,271	− 0,203	− 0,136	− 0,068	0,00	+ 0,068	+ 0,136	+ 0,203	+ 0,271	− 0,339	31
32	− 0,284	− 0,213	− 0,142	− 0,071	0,00	+ 0,071	+ 0,142	+ 0,213	+ 0,284	− 0,355	32
33	− 0,298	− 0,223	− 0,149	− 0,074	0,00	+ 0,074	+ 0,149	+ 0,223	+ 0,298	− 0,373	33
34	− 0,313	− 0,235	− 0,156	− 0,078	0,00	+ 0,078	+ 0,156	+ 0,235	+ 0,313	− 0,391	34
35	− 0,329	− 0,247	− 0,164	− 0,082	0,00	+ 0,082	+ 0,164	+ 0,247	+ 0,329	− 0,411	35
36											36
t°	Δβ mm	Δβ mm	Δβ mm	Δβ mm	Δβ mm	Δβ mm	Δβ mm	Δβ mm	Δβ mm	Δβ mm	t°

Exemp. $\beta_{20°}^{716\,mm}$ 30% f = β_{20}^{716} 50% f (Tab. V) + Korr. 30% f (Tab. VI) = 2,639 − 0,077 = 2,562 mm.

Tabelle VII

Die neuesten (nach dem Potsdamer g-System) reduzierten Werte für die Gravitation g von 331 Stationen der Erde.

Table VII

Les plus récentes valeurs de la gravité g (réduites d'après le système de g de Potsdam) de 331 stations de la terre.

Table VII

The last Values of Gravity g (reduced to the Potsdam System of g) of 331 Stations of the Earth.

Tabelle VII

Die schon erwähnten „Verhandlungen der 16. Konferenz der Internationalen Erdmessung, III. Teil" enthalten ein Verzeichnis aller bis jetzt bestimmten Gravitationswerte (zirka 2400). Aus demselben wurden für Tabelle VII alle Stationen mit physikalischen und chemischen Instituten und Sternwarten ausgewählt. Es fehlen zwar darin mehrere bedeutende Orte, deren Gravitation g bis jetzt noch nicht durch Messung bestimmt worden ist. Mit Hilfe der Tabelle I (Breitenreduktion) und der Formel (8) bezw. (9) (Höhenreduktion) läßt sich jedoch, entweder nach Formel (13) bezw. (13a) oder nach der tabellarischen Methode und Tabelle I die Gravitation g jedes beliebigen Ortes aus dem Werte g einer im Verzeichnis aufgeführten Station näherungsweise ableiten. Die Genauigkeit des abgeleiteten g ist für Breitenunterschiede bis zu $4°$ so groß, daß als Abweichung genau die totale Anomalie der Schwere $g_o - g_o^n$ übrig bleibt.

Dies zeigen die Beispiele in Tabelle VII, für welche solche Orte gewählt wurden, deren Gravitation g und Anomalie $g_o - g_o^n$ aus der Tabelle VII bekannt ist.

Table VII

Les „Comptes rendues des séances de la XVIe Conférence générale de l'Association Géodésique Internationale, IIIe volume" contiennent une liste de toutes les valeurs de la gravité déterminées jusqu' ici (environ 2400). On en a choisi pour la table VII tous les lieux qui possèdent des instituts physiques ou chimiques ou des Observatoires. Quelques lieux importants y manquent, dont la gravité g n'est pas encore déterminée par mesure directe. Mais à l'aide de la table I (réduction de latitude) et de la formule (8) ou (9) (réduction d'altitude) la gravité g de tout lieu désiré peut être dérivée de la valeur g d'une station nommée dans la liste, soit d'après la formule (13) ou (13a) soit d'après la méthode tabulaire et la table I. L'exactitude du g dérivé est, pour les différences en latitude atteignant $4°$, si grande que la déviation qui reste est exactement l'anomalie de la gravité $g_o - g_o^n$.

C'est ce que montrent les exemples de la table VII pour lesquels on a choisi des lieux dont la gravité g et l'anomalie $g_o - g_o^n$ est connue de la table VII.

Table VII

The „Comptes rendues des séances de la XVIe Conférence générale de l'Association Géodésique Internationale, IIIe volume" contain a list of all values of gravity determined until now (about 2400). Table VII contains an extract of this list showing all the places with physical or chemical institutions or with Observatories. It does not contain some important places, the gravity g of which is not yet determined by direct measurement. But with the help of table I (reduction of latitude) and of the formula (8) or (9) (reduction of altitude) the gravity g of each desired place may be derived from the value g of a station named in the list, and this can be done, either with the help of the formula (13) or (13a) or according to the tabular method and the table I. The exactness of the derived g is, with differences in latitude of less than $4°$, so great, that the remaining deviation is exactly the anomaly of gravity $g_o - g_o^n$.

This is to be seen from the examples of the table VII for which such places were adopted the gravity g and anomaly $g_o - g_o^n$ of which is known from table VII.

Ableitung von g Berlin und g Petersburg aus g Paris. / Dérivation de g Berlin et g Pétersbourg de g Paris. / Derivation of g Berlin and g Petersburgh from g Paris.

$$\text{Distanz} > 150 \text{ km}; \quad \Delta g_{(H)} = -\Delta H \cdot 0{,}0003086 \text{ cm} \quad \ldots \ldots \ldots \ldots (8)$$

$$g\begin{Bmatrix}\text{Berlin}\\\text{Petersburg}\end{Bmatrix} = g \text{ Paris} + \Delta\varphi \cdot \Delta g_{(\varphi\,1')} \text{ (Tab. I)} - \Delta H \cdot 0{,}0003086 \quad \ldots \ldots (13)$$

1. Station 2. N	φ	$\Delta\varphi$	$\dfrac{\varphi \text{ Stat.} + \varphi \text{ N}}{2}$	$\Delta\varphi \cdot \Delta g_{(\varphi\,1')}$ (Tab. I) $=\Delta g_{(\varphi)}$ cm	H m	ΔH m	ΔH $\times 0{,}0003086$ $=\Delta g_{(H)}$ cm	$\Delta g_{(\varphi)} - \Delta g_{(H)}$ $=\Delta g$ cm	g cm	Anomalie $g_o - g_o^n$ (Tab. VII) cm	$\gamma_o^{760} =$ $g \cdot 1{,}31833$ mg
Paris Obs. nat.	48° 50′,2	+220′,1	50° 40′,25	$\Delta\varphi \cdot 0{,}001478$ +0,3253	61	−24	−0,0074	+0,333	980,943	0,000	1293,21
Berlin	52 30,3				37				981,276	+0,010	
											1293,66
Paris Obs. nat.	48° 50′,2	+666′,3	54° 23′,3	$\Delta\varphi \cdot 0{,}001425$ +0,9495	61	−53	−0,0164	+0,9659	980,943	0,000	1293,21
Petersburg Obs.	59 56,5				8				981,909	+0,018	
											1294,50

Controlle: g Berlin (calcul.) − Anom. Paris = 981,276 − 0,000 = 981,276
            g Berlin (calcul. red.) + Anom. Berlin = 981,276 + 0,010 = 981,286
            g Berlin observ. (Tab. VII) = 981,286

Controlle: g Petersburg (calcul.) − Anom. Paris = 981,909 − 0,000 = 981,909
            g Petersburg (calcul. red.) + Anom. Petersburg = 981,909 + 0,018 = 981,927
            g Petersburg observ. (Tab. VII) = 981,925

Reduktion von γ_t^b u. β_t^b (Tab. V) für g (Station) mit Hilfe der Reduktionsfaktoren F (Tab. VII).	Réduction de γ_t^b et β_t^b (Tab. V) pour g (station) à l'aide des facteurs de réduction F (Tab. VII).	Reduction of γ_t^b and β_t^b (Tab. V) for g (station) with the help of the reduction factors F (Tab. VII).

Für Luft ohne CO_2
Pour l'air sans CO_2 } $F = \dfrac{g \text{ (Station)}}{980{,}947}$ . . . . . . (33)
For air without CO_2

Für Luft mit CO_2
Pour l'air avec CO_2 } $F = \dfrac{g \text{ (Station)}}{980{,}733}$ . . . . . . (34)
For air with CO_2

Hieraus ergeben sich γ_t^b und β_t^b wie folgt:	γ_t^b et β_t^b en résultent de la manière suivante:	Herefrom result γ_t^b and β_t^b as follows:

$$\gamma_t^b \text{ (Station)} = \gamma_t^b \text{ (Tab. V)} \cdot F \quad \ldots \ldots (35); \quad \beta_t^b \text{ (Station)} = \beta_t^b \text{ (Tab. V)} \cdot F \quad \ldots \ldots (36)$$

Beispiel.	Exemple.	Example.
Für trockene Luft ist	On trouve pour l'air sec	We find for dry air

a) ohne, sans, without CO_2 　　　　　　b) mit, avec, with CO_2

Berlin $\begin{cases} \gamma_0^{760} = 1293{,}21 \cdot 1{,}000346 = 1293{,}66^*) \\ \beta_0^{760} = 2{,}789 \cdot 1{,}000346 = 2{,}790 \end{cases}$ 　　　　$1293{,}21 \cdot 1{,}000564 = 1293{,}94$
　　　　　　　　　　　　　　　　　　　　　　　　　　　　　$2{,}789 \cdot 1{,}000564 = 2{,}791$

*) Die Berechnung nach Formel (14) ergibt den gleichen Wert wie die Reduktion „F" nämlich:	*) Le calcul d'après la formule (14) donne la même valeur que la réduction „F" c'est—à—dire:	*) The calculation according to the formula (14) gives the same value as the reduction with „F" namely:

$$\text{Berlin } \gamma_0^{760} = 981{,}286 \cdot 1{,}31833 = 1293{,}66 \text{ mg.}$$

In Tabelle VII sind: | ## La table VII contient: | ## The Table VII contains:

φ = geogr. Breite der Station
λ = geogr. Länge östlich von Greenwich
H = Höhe über Meeresniveau
g = Gravitation (gemessen)
g_0 = g reduz. auf Meeresniveau
g_0^n = g normal im Meeresniveau
$g_0 - g_0^n$ = totale Anomalie der Schwere
Θ = Dichte der Erdmassen über dem Meeresniveau
F = Faktoren zur Reduktion von γ_t^b und β_t^b (Tab. V) auf g (Station)
O. N. = Luft ohne Kohlensäure
O. N. + CO_2 = Luft mit normalem Kohlensäuregehalt.

= latitude géogr. de la station
= longitude géogr. par rapport à Greenwich
= altitude au-dessus du niveau de la mer
= gravité (mesurée)
= g réduit au niveau de la mer
= g normal au niveau de la mer
= anomalie totale de la gravité
= Densité des masses de terre au-dessus du niveau de la mer
= facteurs pour la réduction de γ_t^b et β_t^b (Tab. V) à g (station)
= air sans acide carbonique
= air contenant la quantité normale d'acide carbonique.

= geogr. latitude of the station
= geogr. longitude (Greenwich)
= altitude above the level of the sea
= gravity (measured)
= g reduced to the level of the sea
= normal g at the level of the sea
= total anomaly of gravity
= Density of the masses of earth above the level of the sea
= factors for the reduction of γ_t^b and β_t^b (Tab. V) to g (station)
= air without carbonic acid
= air containing the normal proportion of carbonic acid.

Die Unsicherheit der in Tabelle VII aufgeführten Gravitationswerte geht nur selten über ±0,005 cm sek⁻² hinaus.

Bei Stationen, für welche mehrere Gravitationswerte vorliegen, wurde in der Regel das Resultat der neuesten Messung angegeben.

L'incertitude des valeurs de gravité citées dans la table VII est en général inférieure à ±0,005 cm sec⁻².

Pour les stations dont on possède plusieurs valeurs de la gravité, c'est en général le résultat de la dernière détermination qui a été adopté.

The inexactness of the values of gravity mentioned in table VII only very seldom surpasses ±0,005 cm sec⁻².

For those stations, for which we have more than one value of gravity, the result of the last measurement was, in general, mentioned in the table

A

| Stationen, an welchen sich wissenschaftliche Institute befinden. | Stations qui possèdent des instituts scientifiques. | Stations with scientific instituts. |

Station		Land pays country	φ		λ		H m	g cm	$g_0-g_0^n$ 10^{-3} cm	Θ	F O.N. $F=\frac{g}{980{,}947}$	F O.N.+CO$_2$ $F=\frac{g}{980{,}733}$
Ajaccio	1892	Corsica [1])	41°	54',8	8°	44',0	6	980,397	+ 62	2,7	0,999439	0,999657
Akita	1907	Japan	39	42,0	140	7,0	7	980,186	+ 49	2,4	0,999224	0,999442
Alexandrowsk	1892	Russia	47	48,5	35	11,5	49	980,802	− 53	(2,8)	0,999852	1,000070
Alger	1894	Algeria	36	47,4	3	4,1	3	979,937	+ 55	(2,5)	0,998970	0,999188
„ Obs.	1890/92	„	36	44,8	3	3,0	213	979,905	+ 91	2,3	0,998938	0,999156
Allegheny Observ.	1879	U. S. A.	40	27,7	− 80	1,0	348	980,094	− 6	(2,4)	0,999130	0,999348
Altenburg	1896	Hungary	47	52,7	17	16,3	122	980,852	+ 14	2,5	0,999903	1,000121
Altona Observ.	1828	Germany	53	32,8	9	56,0	31	981,381	+ 12	2,0	1,000442	1,000661
Atlanta	1896	U. S. A.	33	45,0	− 84	23,3	324	979,524	− 1	2,6	0,998549	0,998767
Auckland	1893	N.-Zealand	−36	50,9	174	46,2	3	979,962	+ 75	(2,8)	0,998996	0,999214
Augsburg	1897	Germany	48	22,3	10	53,6	496	980,775	+ 8	2,15	0,999825	1,000043
Aurillac	1895	France	44	56,8	2	26,6	640	980,483	+ 70	2,73	0,999527	0,999745
Austin, Univ.	1895	U. S. A.	30	17,2	− 97	44,2	189	979,283	− 2	2,5	0,998304	0,998522
Bahia	1895	Brazil	−12	58,5	− 38	31,0	4	978,331	+ 42	(2,0)	0,997333	0,997551
„	1900	„	−12	58,5	− 38	31,0	4	978,315	+ 26	2,5	0,997317	0,997534
Baltimore, Univ.	1893	U. S. A.	39	17,8	− 76	37,0	30	980,097	+ 2	(2,5)	0,999133	0,999351
Bamberg	1897	Germany	49	53,1	10	53,4	285	980,990	+ 22	2,4	1,000044	1,000262
Bangalore, Süd	1908	India	13	0,7	77	35,0	950	978,027	+ 29	2,7	0,997023	0,997241
Bangkok	1904	Siam	13	43,9	100	29,4	7	978,321	+ 2	2,2	0,997323	0,997541
Barcelona	1893	Spain	41	21,8	2	10,1	5	980,291	+ 5	(2,6)	0,999331	0,999549
Basel	—	Switzerland	47	33,6	7	34,8	277	980,788	+ 26	2,5	0,999838	1,000056
Batavia, Observ.	1894	Java	− 6	11,0	106	49,8	7	978,178	+ 90	(2,5)	0,997177	0,997395
Berkely	1904	U. S. A.	37	52,2	−122	15,4	93	979,973	+ 25	2,4	0,999007	0,999225
Berlin, Observ.	1869	Germany	52	30,3	13	24,0	35	981,288	+ 12	2,0	1,000348	1,000566
„ „	1896	„	52	30,3	13	23,7	37	981,286	+ 10	2,0	1,000346	1,000564
Biberach	1906	„	48	5,5	9	47,6	533	980,744	+ 13	2,3	0,999793	1,000011
Bologna	1897	Italy	44	29,8	11	21,3	51	980,450	−105	1,8	0,999493	0,999711
Bombay Colaba Obs.	1892	India	18	53,8	72	48,9	10	978,637	+ 69	(2,6)	0,997645	0,997863
„ „ „	1904	„	18	53,8	72	48,8	10	978,633	+ 65	2,90	0,997641	0,997859
Bonn, Observ.	1870	Germany	50	43,8	7	6,0	62	981,122	+ 10	(2,0)	1,000178	1,000397
Bordeaux, Observ.	1894	France	44	50,3	− 0	31,4	74	980,557	− 21	2,0	0,999602	0,999821
Boston	1894	U. S. A.	42	21,6	− 71	3,8	22	980,396	+ 26	(2,5)	0,999438	0,999656
Braunschweig	1896	Germany	52	16,6	10	31,0	73	981,262	+ 17	2,0	1,000321	1,000539
Bremen	1907	„	53	5,0	8	49,2	0	981,341	+ 2	2,3	1,000402	1,000620
Brisbane, Observ.	1896	Austral.	−27	28,0	153	1,6	40	979,148	+ 31	2,3	0,998166	0,998384
Bruxelles	1895	Austria	49	11,7	16	36,7	235	980,946	+ 24	2,3	0,999999	1,000217
Brünn	1892	Belgium	50	51,0	4	22,0	102	981,112	+ 1	2,3	1,000168	1,000386
Budapest	1908	Hungary	47	29,5	19	3,6	108	980,852	+ 44	1,7	0,999903	1,000121
Buenos Aires	1897	Argentin.	−34	36,5	− 58	22,2	2	979,669	− 27	2,2	0,998697	0,998915

[1]) Wegen Raummangel konnten die Länder nur einsprachig bezeichnet werden; die englische Sprache schien wegen ihrer weiten Verbreitung hierfür am besten geeignet.

[1]) La place ne permet pas de nommer les pays en trois langues. Il paraît donc convenable d'adopter l'anglais à cause de son emploi étendu.

[1]) It is impossible here to make use of three languages. Thus, it seems suitable to designate the countries in English, on account of the extended use of this language.

87

Station		Land pays country	φ		λ		H m	g cm	$g_o-g_o^n$ 10^{-3} cm	Θ	F O.N. $F=\dfrac{g}{980,947}$	F O.N.+CO_2 $F=\dfrac{g}{980,733}$
Bukarest	1909	Rouman.	44°	24',6	26°	6',8	83	980,554	+ 17	2,4	0,999599	0,999817
Calcutta	1897	India	22	32,8	88	21,4	6	978,822	+ 35	2,4	0,997834	0,998051
Cambridge	1894	U. S. A.	42	22,8	— 71	7,8	14	980,398	+ 23	(2,5)	0,999440	0,999658
Cape Town, Observ.	1898	S.-Africa	—33	56,1	18	28,7	11	979,659	+ 21	2,6	0,998687	0,998905
,, ,, ,,	1829	,,	—33	56,1	18	29,0	15	979,660	+ 25	2,4	0,998688	0,998906
Catania	—	Sicily	37	30,2	15	4,7	43	980,065	+133	2,9	0,999101	0,999319
Chamonix	1898	France	45	55,0	6	52,0	1050	980,323	— 52	2,65	0,999364	0,999582
Charlottenburg, N.E.K.	1900	Germany	52	31,1	13	19,3	33	981,288	+ 9	2,0	1,000348	1,000566
Charlottesville	1894	U. S. A.	38	2,0	— 78	30,3	166	979,938	— 3	2,65	0,998971	0,999189
Chicago	1894	,,	41	47,4	— 87	36,0	182	980,278	+ 8	2,63	0,999318	0,999536
Cincinnati	1894	,,	39	8,3	— 84	25,3	245	980,004	— 9	2,45	0,999039	0,999257
Clermont-Ferrand	1908	France	45	46,8	3	6,0	406	980,558	— 3	2,35	0,999603	0,999822
Cleveland	1894	U. S. A.	41	30,4	— 81	36,6	210	980,241	+ 5	2,4	0,999280	0,999498
Cadiz (San Fernando), Observ.	1898	Spain	36	27,7	— 6	12,4	29	979,830	— 16	2,4	0,998861	0,999079
Colombo	1897	Ceylon	6	55,9	79	50,8	10	978,159	+ 57	2,8	0,997158	0,997375
Colorado, Springs	1894	U. S. A.	38	50,7	—104	49,0	1841	979,490	— 5	2,4	0,998515	0,998733
Cuttack	1894	India	20	29,1	85	52,0	28	978,661	+ 8	1,91	0,997670	0,997887
Dar-es-Salaam	1900	E.-Africa	— 6	49,0	39	18,0	7	978,117	+ 16	(2,0)	0,997115	0,997333
Debreczen	1892	Hungary	47	31,3	21	38,0	118	980,827	+ 19	2,5	0,999878	1,000096
Dehra Dun	—	India	30	19,5	78	3,2	683	979,065	— 70	2,45	0,998081	0,998299
Denver	1894	U. S. A.	39	40,6	—104	56,9	1638	979,609	— 23	2,35	0,998636	0,998854
Derbent	1907	Caucas.	42	3,1	48	18,5	—26	980,280	— 78	—	0,999320	0,999538
Domodossola	1904	Italy	46	7,0	8	18,4	276	980,598	— 34	2,6	0,999644	0,999862
Dorpat, Observ.	1901	Russia	58	22,8	26	43,2	50	981,793	+ 23	(2,5)	1,000862	1,001081
Dresden, Math. S.	1870	Germany	51	3,2	13	44,0	121	981,128	+ 5	(2,0)	1,000185	1,000403
Drontheim	1823	Norway	63	25,9	10	23,0	37	982,114	— 49	2,6	1,001190	1,001408
Dunkerque	1809	France	51	2,2	2	23,0	4	981,173	+ 16	2,3	1,000230	1,000449
Edinburgh Observ.	1892	Scotland	55	57,4	— 3	9,4	104	981,584	+ 32	2,6	1,000649	1,000868
,, Leith Fort	1892	,,	55	58,7	— 3	11,0	21	981,620	+ 40	2,6	1,000686	1,000904
Etneo Osservatorio	1897	Sicily	37	44,3	14	59,9	2943	979,350	+292	2,9	0,998372	0,998590
Ferrara	1894	Italy	44	50,3	11	37,1	10	980,592	— 6	(2,5)	0,999638	0,999856
Fiume, Mar. Akad.	1893	Hungary	45	20,0	14	25,8	10	980,630	— 13	(2,5)	0,999677	0,999895
Florenz, Observ.	1899	Italy	43	45,5	11	15,3	184	980,503	+ 57	2,4	0,999547	0,999765
,, M. G. I.	—	,,	43	46,8	11	15,2	48	980,510	+ 20	2,2	0,999555	0,999773
Foggia	1894	,,	41	27,7	15	33,3	64	980,331	+ 54	(2,5)	0,999372	0,999590
Forli	1894	,,	44	13,5	12	2,8	26	980,441	— 97	(2,5)	0,999484	0,999702
Fort de France	1898	Martinique	14	36,3	— 61	4,5	5	978,496	+140	(2,0)	0,997501	0,997719
Freiberg	1885	Germany	50	55,2	13	20,0	432	981,050	+ 35	2,7	1,000105	1,000323
Freiburg i. B.	1897	,,	47	59,8	7	50,9	272	980,847	+ 44	2,4	0,999898	1,000116
Fribourg	1892	Switzerland	46	48,5	7	8,1	631	980,620	+ 35	2,3	0,999667	0,999885
Fukuoka	1906	Japan	40	16,0	141	19,0	104	980,270	+112	2,5	0,999310	0,999528
Galveston	1895	U. S. A.	29	18,2	— 94	47,5	3	979,272	+ 6	2,3	0,998292	0,998510
Genève, Observ.	1892	Switzerland	46	12,0	6	9,2	405	980,599	0	2,5	0,999645	0,999863
Genua, Hydr. Inst.	1904	Italy	44	25,1	8	55,3	93	980,573	+ 38	2,5	0,999619	0,999837
Georgetown	1890	Ascens.	— 7	56,0	— 14	25,0	5	978,290	+164	(2,5)	0,997291	0,997509
Glasgow, Univ.	1898	Scotland	55	51,5	— 4	14,0	61	981,605	+ 48	2,4	1,000671	1,000889
Gotha, Observ.	1895	Germany	50	56,6	10	43,0	322	981,094	+ 43	2,5	1,000150	1,000368
Göttingen, Observ.	1895	,,	51	32,0	9	57,0	162	981,176	+ 23	2,3	1,000233	1,000452

Station		Land pays country	φ		λ		H m	g cm	$g_0-g_0^n$ 10^{-3} cm	Θ	F O.N. $F=\dfrac{g}{980{,}947}$	F O.N.+CO$_2$ $F=\dfrac{g}{980{,}733}$
Granada	1903	Spain	37°	10',6	— 3°	26',0	669	979,669	— 42	2,6	0,998697	0,998915
Graz	1892	Austria	47	4,2	15	24,0	365	980,706	+ 16	2,5	0,999754	0,999972
Greenwich, Observ.	1900	England	51	28,6	0	0,0	47	981,188	+ 5	2,3	1,000246	1,000464
,,	1903	,,	51	28,6	0	0,0	47	981,188	+ 5	2,3	1,000246	1,000464
Grenoble	1894/97	France	45	11,4	5	43,9	210	980,536	— 32	2,6	0,999581	0,999799
Habana	1898	Cuba	23	8,2	— 82	36,4	19	978,837	+ 16	2,4	0,997849	0,998067
Halifax	1898	Canada	44	40,2	— 63	48,0	15	980,577	— 4	2,4	0,999623	0,999841
Halle a. S.	1905	Germany	51	29,0	11	58,1	79	981,221	+ 46	2,4	1,000279	1,000498
Hamburg, Seewarte	1899	,,	53	32,8	9	58,3	24	981,375	+ 3	2,0	1,000436	1,000655
Helgoland	1908	,,	54	10,8	7	53,1	51	981,410	— 7	2,6	1,000472	1,000690
Helsingfors	——	Finland	60	9,7	24	57,3	29	981,912	— 6	2,7	1,000984	1,001202
Hereny	1896	Hungary	47	15,8	16	36,3	223	980,782	+ 30	2,5	0,999832	1,000050
Hobart	1897	Tasmania	—42	53,6	147	22,0	58	980,441	+ 34	2,5	0,999484	0,999702
Hongkong, Kowloon	1903	China	22	18,2	114	10,5	33	978,771	+ 8	2,7	0,997782	0,997999
Honolulu	1883	Pac. Ocean	21	18,0	—157	52,0	4	978,967	+257	(2,6)	0,997982	0,998199
Innsbruck	1897	Austria	47	16,2	11	24,1	576	980,570	— 73	2,4	0,999616	0,999834
Irkutsk, Meteor. Observ.	1902	Siberia	52	16,5	104	16,5	470	981,096	— 27	—	1,000152	1,000370
Ischia	1894	Italy	40	44,5	13	56,6	35	980,348	+127	(2,5)	0,999389	0,999607
Ithaca, Corn. Univ.	1894	U. S. A.	42	27,1	— 76	29,0	247	980,300	— 10	2,4	0,999340	0,999558
Jaroslawl	1907	Russia	57	37,7	39	53,8	100	981,712	+ 19	2,4	1,000780	1,000998
Jekaterinburg	1900	,,	56	50,1	60	36,0	265	981,633	+ 57	2,8	1,000699	1,000918
Jena	1905	Germany	50	55,6	11	35,2	154	981,123	+ 23	2,6	1,000179	1,000398
Jenisseisk	1894	Siberia	58	27,2	92	10,5	85	981,718	— 46	(2,8)	1,000786	1,001004
Kalocsa	1896	Hungary	46	31,7	18	58,8	97	980,760	+ 35	2,5	0,999809	1,000028
Kansas City	1894	U. S. A.	39	5,8	— 94	35,4	278	979,990	— 10	2,5	0,999024	0,999242
Karlsruhe	1900/05	Germany	49	0,7	8	24,7	114	980,967	+ 24	2,0	1,000020	1,000239
Kasan, Observ.	1907/09	Russia	55	47,4	49	7,3	70	981,572	+ 24	2,5	1,000637	1,000855
,, Engelh. Obs.	1907/09	,,	55	50,3	48	49,1	94	981,573	+ 28	2,5	1,000638	1,000856
Keszthely	1901	Hungary	46	46,0	17	14,6	135	980,797	+ 63	2,4	0,999847	1,000065
Kew	1901/04	England	51	28,1	— 0	18,8	5	981,201	+ 6	2,3	1,000259	1,000477
Kiel, Observ.	1896	Germany	54	20,5	10	9,0	41	981,464	+ 30	2,0	1,000527	1,000745
Kiew, Observ.	1904	Russia	50	27,2	30	30,2	181	981,074	+ 23	(2,4)	1,000129	1,000348
Klausenburg	1892	Hungary	46	47,2	23	36,0	338	980,724	+ 50	2,5	0,999773	0,999991
Kodaikanal	1908	India	10	13,8	77	27,9	2336	977,645	+173	2,7	0,996634	0,996851
Königsberg, Observ.	1899	Germany	54	42,8	20	29,8	22	981,477	+ 5	2,0	1,000540	1,000759
Kopenhagen, Observ.	1898	Denmark	55	41,2	12	34,7	14	981,559	+ 1	2,2	1,000624	1,000842
Korfu, Ins. Vido	1895	Greece	39	38,0	19	56,3	22	980,136	+ 10	2,6	0,999173	0,999391
Krakau	——	Austria	50	3,9	19	57,6	205	981,054	+ 45	2,2	1,000109	1,000327
Kristiania, Observ.	1898	Norway	59	54,7	10	43,5	28	981,927	+ 29	2,6	1,000999	1,001217
Kyoto	1902	Japan	35	1,6	135	47,0	55	979,724	+ 9	2,8	0,998753	0,998971
Lausanne	1892	Switzerland	46	31,4	6	38,2	532	980,619	+ 29	2,2	0,999666	0,999884
Leiden, Observ.	1900	Netherland	52	9,3	4	29,0	4	981,280	+ 24	2,3	1,000339	1,000558
Leipzig	1905	Germany	51	20,1	12	23,5	115	981,180	+ 30	2,2	1,000238	1,000456
Lemberg	1892	Austria	49	50,2	24	0,0	314	980,911	— 43	2,5	0,999963	1,000181
Lissabon, Observ.	1901	Portugal	38	42,5	— 9	11,2	91	980,094	+ 70	2,4	0,999130	0,999348
London	1881	England	51	31,1	— 0	6,0	26	981,202	+ 8	2,3	1,000260	1,000478
,, Polyt. Inst.	1900	,,	51	31,0	— 0	8,5	23	981,202	+ 8	2,3	1,000260	1,000478
Lund, Observ.	1895	Swede	55	41,9	13	11,3	32	981,564	+ 11	2,0	1,000629	1,000847
Lussinpiccolo	1893	Austria	44	32,0	14	28,3	3	980,594	+ 21	(2,5)	0,999640	0,999858

Station		Land pays country	φ		λ		H m	g cm	$g_0-g_0^n$ 10^{-3} cm	Θ	F O.N. $F=\dfrac{g}{980,947}$	F O.N.+CO_2 $F=\dfrac{g}{980,733}$
Luzern	1909	Switzerland	47°	2',9	8°	18',5	435	980,626	— 41	2,55	0,999673	0,999891
Lyon	1885	France	45	41,0	4	47,0	286	980,629	+ 39	2,3	0,999676	0,999894
Macerata	1894	Italy	43	18,1	13	27,1	306	980,373	+ 5	(2,5)	0,999415	0,999633
Madison, Univ.	1906	U. S. A.	43	4,6	— 89	24,0	270	980,365	+ 6	—	0,999407	0,999625
Madras, Observ.	1904	India	13	4,1	80	14,9	6	978,281	— 11	2,4	0,997282	0,997500
Madrid, Observ.	1882/1901	Spain	40	24,5	— 3	41,3	656	979,981	— 19	2,6	0,999015	0,999233
„ Inst. géogr.	1877	„	40	24,9	3	43,0	662	979,983	— 16	2,6	0,999017	0,999235
Mailand, Observ.	1897	Italy	45	28,0	9	11,5	141	980,569	— 45	1,8	0,999615	0,999833
Mangalore	1869/70	India	12	51,6	74	49,6	2	978,270	— 15	2,8	0,997271	0,997489
Mannheim	1894	Germany	49	29,1	8	27,7	96	980,972	— 19	2,0	1,000025	1,000244
Marseille, Observ.	1894	France	43	18,3	5	23,0	61	980,488	+ 45	2,6	0,999532	0,999750
Meerut	1907	India	29	0,4	77	41,7	224	979,153	— 23	2,0	0,998171	0,998389
Melbourne, Observ.	1904	Austral.	—37	49,9	144	58,5	27	979,985	+ 19	2,4	0,999019	0,999237
Messina	1898	Sicily	38	11,5	15	33,4	5	980,111	+107	1,9	0,999148	0,999366
Meudon, Observ.	1898	France	48	48,3	2	13,9	130	980,919	0	2,3	0,999971	1,000190
Montblanc, Observ.	1898	„	45	50,0	6	52,0	4807	979,401	+193	2,65	0,998424	0,998642
Montevideo	1900	Uruguay	—34	54,5	— 56	12,9	4	979,772	+ 51	2,4	0,998802	0,999020
Montreal	1902	U. S. A.	45	30,4	— 73	34,0	40	980,652	+ 2	—	0,999699	0,999917
Moskau, I. C.	1894	Russia	55	45,6	37	39,8	147	981,562	+ 39	(2,5)	1,000627	1,000845
„ Observ.	1896	„	55	45,3	37	34,3	139	981,562	+ 38	2,5	1,000627	1,000845
Mount Hamilton	1893	U. S. A.	37	20,4	—121	39,0	1282	979,626	+ 90	2,4	0,998653	0,998871
München, Obs.	1893/1900	Germany	48	8,7	11	36,6	525	980,733	— 5	2,15	0,999782	1,000000
Münster i. W.	1906	„	51	57,9	7	37,9	62	981,233	+ 11	2,6	1,000292	1,000510
Naha	1882	Lutschu Isl.	26	12,1	127	43,0	6	979,116	+ 81	(2,8)	0,998133	0,998351
Neapel, Observ.	1894	Italy	40	51,8	14	15,5	152	980,234	+ 38	(2,5)	0,999273	0,999491
New Orleans	1895	U. S. A.	29	57,0	— 90	4,2	2	979,324	+ 8	2,3	0,998345	0,998563
New York, Col. Univ.	1899	U. S. A.	40	48,5	— 73	57,5	38	980,267	+ 41	(2,5)	0,999307	0,999525
Nice, Genie	1887	France	43	42,0	7	17,0	21	980,559	+ 67	2,6	0,999604	0,999823
„ Observ.	1887	„	43	42,8	7	18,0	367	980,471	+ 85	2,6	0,999515	0,999733
Nishnij-Nowgorod	1907	Russia	56	19,2	44	0,2	154	981,612	+ 45	2,5	1,000678	1,000896
Nürnberg	1897	Germany	49	27,4	11	4,9	312	980,942	+ 20	2,4	0,999995	1,000213
Odessa	1909	Russia	46	28,6	30	45,5	51	980,762	+ 28	2,4	0,999811	1,000030
O-Gyalla, Observ.	1896	Hungary	47	52,6	18	11,8	115	980,848	+ 7	2,5	0,999899	1,000117
Orenburg	1905	Russia	51	45,1	55	6,2	100	981,192	+ 1	—	1,000250	1,000468
Ottawa	1902	Canada	45	25,4	— 75	42,0	73	980,607	— 24	—	0,999653	0,999872
Padua, Observ.	1825/1905	Italy	45	24,0	11	52,3	19	980,658	+ 12	2,2	0,999705	0,999924
Palermo, Mart.	—	Sicily	38	6,9	13	22,0	20	980,069	+ 76	2,5	0,999105	0,999323
Paris, Observ.	1909	France	48	50,2	2	20,3	61	980,943	0	2,3	0,999996	1,000214
Passau	1900	Germany	48	34,5	13	28,0	318	980,849	+ 8	2,5	0,999900	1,000118
Pavia	1898	Italy	45	11,1	9	9,6	67	980,553	— 59	2,0	0,999598	0,999816
St. Petersburg, Obs.	1865/68	Russia	59	56,5	30	18,5	8	981,925	+ 18	2,5	1,000997	1,001215
„	1909	„	59	55,3	30	19,0	6	981,934	+ 28	—	1,001006	1,001225
„ Phys. Inst.	—	„	59	56,5	30	18,1	6	981,929	+ 22	—	1,001001	1,001219
Philadelphia	1894	U. S. A.	39	57,1	— 75	11,7	16	980,196	+ 39	(2,5)	0,999234	0,999452
Pic du Midi de Bigorre	1886	France	42	55,8	0	8,0	2877	979,779	+238	2,7	0,998809	0,999027
Plymouth	1898	England	50	22,2	— 4	8,4	43	981,148	+ 62	2,4	1,000205	1,000423
Pola, Hydr. A.	1892/1900	Austria	44	51,8	13	50,7	28	980,626	+ 31	2,4	0,999673	0,999891
Ponto Delgada	1898	Azores	37	44,2	— 25	40,8	5	980,115	+151	2,8	0,999152	0,999370
Potsdam, G. I.	1895/1907	Germany	52	22,9	13	4,1	87	981,274	+ 24	2,0	1,000333	1,000552

Riefler.

Station		Land pays country	φ		λ		H m	g cm	$g_o - g_o^n$ 10^{-3} cm	Θ	F O.N. $F=\dfrac{g}{980{,}947}$	F O.N.+CO_2 $F=\dfrac{g}{980{,}733}$
Potsdam G. I.	1900	Germany	52°	22',9	13°	4',1	83	981,275	+ 24	2,0	1,000334	1,000553
Preßburg	1896	Hungary	48	8,7	17	6,8	154	980,910	+ 58	2,5	0,999962	1,000180
Princeton	1894	U. S. A.	40	20,9	— 74	39,5	64	980,178	+ 1	2,44	0,999216	0,999434
Pulkowo, Observ.	1866/1907	Russia	59	46,3	30	19,7	71	981,899	+ 25	(2,5)	1,000970	1,001189
Punnae	1869	India	8	9,5	77	37,7	15	978,131	+ 2	(2,8)	0,997129	0,997347
Rangoon	1905	India	16	48,3	96	10,1	34	978,474	+ 23	2,4	0,997479	0,997697
Regensburg	1900	Germany	49	1,2	12	6,0	338	980,885	+ 10	2,3	0,999937	1,000155
Reval	1865	Russia	59	26,6	24	45,3	3	980,898	+ 29	(2,8)	0,999950	1,000168
Reykjavik	1900	Iceland	64	8,5	— 22	0,3	39	982,273	+ 60	2,8	1,001352	1,001570
Rio de Janeiro	1901	Brazil	—22	54,4	— 43	10,4	45	978,801	+ 3	2,8	0,997812	0,998030
Rom, Ing. Sch.	1897	Italy	41	54,0	12	29,5	59	980,347	+ 29	2,4	0,999388	0,999606
Roorkee	1906	India	29	52,3	77	54,0	264	979,131	— 99	2,1	0,998149	0,998367
Rovigno	1893	Austria	45	4,9	13	38,2	5	980,667	+ 46	(2,5)	0,999715	0,999933
Saint-Louis	1894	U. S. A.	38	38,1	— 90	12,2	154	980,001	+ 4	2,6	0,999036	0,999254
San Fernando	1903	Spain	36	27,9	— 6	12,3	28	979,830	— 16	2,6	0,998861	0,999079
San Francisco	1893	U. S. A.	37	47,5	—122	26,0	114	979,959	+ 23	2,4	0,998993	0,999211
Santa Cruz	1885	Teneriffe	28	28,1	— 16	14,4	11	979,431	+230	(2,8)	0,998455	0,998672
Santiago	1898	Cuba	20	0,8	— 75	50,8	4	978,756	+122	2,4	0,997766	0,997984
Sarajevo	1887	Bosnia	43	48,2	18	19,7	511	980,382	+ 33	2,5	0,999424	0,999642
Saratow	1889	Russia	51	31,4	46	2,2	27	981,178	— 16	(2,8)	1,000235	1,000454
Schemnitz	1896	Hungary	48	27,6	18	53,6	563	980,794	+ 40	2,5	0,999844	1,000062
Seattle, Univ.	1891	U. S. A.	47	36,6	—122	20,1	74	980,726	—103	(2,5)	0,999775	0,999993
Simla	1905	India	31	6,3	77	9,8	2147	978,842	+ 97	2,7	0,997854	0,998072
Singapoor	1901	,,	1	16,7	103	50,2	14	978,059	+ 30	—	0,997056	0,997273
,, jap. Kons.	1903	,,	1	16,5	103	50,3	21	978,082	+ 55	2,7	0,997079	0,997297
Stockholm, Observ.	——	Swede	59	20,6	18	3,5	45	981,843	— 5	2,5	1,000913	1,001132
Straßburg	1893/1900	Germany	48	35,0	7	46,1	137	980,904	+ 6	2,0	0,999956	1,000174
Stuttgart	——	,,	48	46,9	9	10,5	247	980,901	+ 20	2,7	0,999953	1,000171
Sydney, Observ.	1904	Australia	—33	51,7	151	12,4	43	979,681	+ 60	2,3	0,998709	0,998927
Tanger	1898	Marokko	35	46,5	— 5	48,6	63	979,737	— 40	2,4	0,998766	0,998984
Taschkent	——	Turcest.	41	19,5	69	17,7	478	980,086	— 50	—	0,999122	0,999340
Teramo	1894	Italy	42	39,5	13	42,0	256	980,311	— 14	(2,5)	0,999352	0,999570
Terre Haute	1894	U. S. A.	39	28,7	— 87	23,8	151	980,072	0	2,35	0,999108	0,999326
Tiflis	1909	Russia	41	43,1	44	47,7	401	980,178	— 18	2,7	0,999216	0,999434
,, Phys. Observ.	1829/1903	,,	41	43,1	44	47,8	412	980,175	— 18	—	0,999213	0,999431
Tobolsk	1896	Siberia	58	11,4	68	15,3	56	981,697	— 55	(2,8)	1,000765	1,000983
Tokio	1883/1904	Japan	35	42,7	139	46,8	5	979,805	+ 16	2,2	0,998836	0,999054
,, Phy. I.	1883/1904	,,	35	42,6	139	46,0	18	979,801	+ 16	2,2	0,998832	0,999050
Toulon	1822	France	43	7,3	5	56,0	3	980,473	+ 28	(2,4)	0,999517	0,999735
Triest, Naut. Ak.	1893	Austria	45	38,8	13	45,8	5	980,665	— 7	(2,5)	0,999713	0,999931
Tunis	1908	Africa	36	47,7	10	10,1	5	979,937	+ 55	2,4	0,998970	0,999188
Turin Pal. Mad.	1896/1897	Italy	45	4,1	7	41,8	233	980,549	— 1	2,5	0,999594	0,999812
Upsala, Observ.	1895	Swede	59	51,5	17	36,6	20	981,910	+ 13	2,0	1,000982	1,001200
Valencia	1895/96	Spain	39	28,5	— 0	19,2	6	980,070	— 47	(2,6)	0,999106	0,999324
Valparaiso Mar. Sch.	1896	Chile	—33	1,8	— 71	38,5	60	979,609	+ 63	2,5	0,998636	0,998854
,, Haf. Cap.	1900	,,	—33	1,8	— 71	38,5	0	979,630	+ 65	2,5	0,998657	0,998875
Venedig, Molo	1894	Italy	45	25,8	12	20,9	2	980,648	— 6	(2,5)	0,999695	0,999913
,, Observ.	1904	,,	45	26,2	12	21,7	3	980,637	— 17	2,2	0,999684	0,999902
Warschau, Observ.	1899	Russia	52	13,1	21	1,8	111	981,223	— 6	(2,5)	1,000281	1,000500

Station	Land pays country	φ	λ	H m	g cm	$g_0-g_0^n$ 10^{-3} cm	Θ	F O.N. $F=\dfrac{g}{980{,}947}$	F O.N.+CO_2 $F=\dfrac{g}{980{,}733}$
Washington, Sm. Inst. 1887	U. S. A.	38° 53′,3	— 77° 1′,6	10	980,113	+ 49	2,3	0,999150	0,999368
„ C. G. S. 1882/87	„	38 53,2	— 77 0,5	14	980,112	+ 49	2,3	0,999149	0,999367
Wien, Observ. 1900	Austria	48 13,9	16 20,4	237	980,854	+ 19	2,5	0,999905	1,000123
„ M. G. I. 1894/1903	„	48 12,7	16 21,5	183	980,860	+ 10	2,5	0,999911	1,000129
Wilhelmshaven 1908	Germany	53 31,9	8 8,8	4	981,382	+ 5	2,1	1,000443	1,000662
Wilna 1866	Russia	54 41,0	25 18,0	102	981,470	+ 25	(2,8)	1,000533	1,000751
Wladiwostock 1896	Russia	43 6,9	131 53,5	23	980,486	+ 48	(2,8)	0,999530	0,999748
Worcester, Pol, Inst. 1899	U. S. A.	42 16,5	— 71 48,5	170	980,324	+ 6	(2,76)	0,999365	0,999583
Zürich, Observ. 1901/1906	Switzerland	47 22,7	8 33,2	463	980,673	— 15	2,4	0,999721	0,999939

B

Stationen, welche durch ihre geographische Lage von Interesse sind. | Stations remarquables par leur situation géographique. | Stations remarcable for their geographical situation.

Station		Land pays country	φ	λ	H m	g cm	$g_0-g_0^n$ 10^{-3} cm	Θ	F O.N. $F=\dfrac{g}{980{,}947}$	F O.N.+CO_2 $F=\dfrac{g}{980{,}733}$
Auf dem Eise Sur la glace Upon the ice	1895	North Sea	84° 34′,1	84° 25′,0	0	983,114	— 55	1,0	1,002209	1,002428
Fort Conger	1882	Greenland	81 44,0	— 64 43,8	7	983,071	— 35	2,4	1,002165	1,002384
Kap Flora	1899	Frz.J.-Land	79 56,8	50 9,5	0	983,072	+ 16	(2,5)	1,002166	1,002385
Spitzbergen	1823	North Sea	79 50,0	11 40,0	6	983,123	+ 72	(2,6)	1,002218	1,002437
Dane's Island	1903	Spitzberg.	79 46,0	11 2,0	3	983,078	+ 28	2,6	1,002172	1,002391
An Bord der Fram	1894	North Sea	79 15,2	137 28,0	0	982,927	—107	1,0	1,002018	1,002237
Kap Thordsen	1892	Spitzberg.	78 28,5	15 42,3	52	982,862	129?	(2,6)	1,001952	1,002171
Melville	1820	North Sea	74 47,2	—110 48,0	10	982,898	+ 44	(2,2)	1,001989	1,002208
Sabine Insel	1823	Greenland	74 32,3	— 18 50,0	10	982,840	— 2	(2,2)	1,001930	1,002148
Maluija	1896	NowajaSem.	72 23,0	52 42,5	14	982,758	+ 24	(2,8)	1,001846	1,002065
Mehavn	1893	Norway	71 1,3	27 47,0	10	982,688	+ 27	2,6	1,001775	1,001993
Hammerfest	1823	Norway	70 40,1	23 45,0	9	982,628	— 13	2,6	1,001714	1,001932
Karajak	1893	Greenland	70 26,9	— 50 19,8	20	982,534	— 92	2,6	1,001618	1,001836
Langenaes	1900	Norway	69 1,2	15 8,7	8	982,640	+ 95	(2,6)	1,001726	1,001944
Kandalaks	1830	Russia	67 7,7	32 26,0	9	982,386	— 39	(2,8)	1,001467	1,001685
Obdorsk	1896	Siberia	66 31,3	66 35,6	26	982,311	— 69	(2,8)	1,001390	1,001609
Tornea	1865	Russia	65 50,7	24 12,0	4	982,418	+ 75	(2,8)	1,001500	1,001718
Oddeyri	1900	Iceland	65 42,3	— 18 8,1	3	982,352	+ 19	2,2	1,001432	1,001651
Archangelsk	1887	Russia	64 34,3	40 31,0	6	982,276	+ 23	(2,8)	1,001355	1,001573
Beresow	1896	Siberia	63 56,1	65 2,9	40	982,127	— 71	(2,8)	1,001203	1,001421
St. Michael Isl.	1898	Alaska	63 28,5	—162 2,4	1	982,192	+ 15	(2,5)	1,001269	1,001488

Station		Land pays country	φ		λ		H m	g cm	$g_o - g_o^n$ 10^{-3} cm	Θ	F O.N. $F = \dfrac{g}{980{,}947}$	F O.N.+CO$_2$ $F = \dfrac{g}{980{,}733}$
Powenetz	1907	Russia	62°	51',0	34°	49',5	35	982,101	— 19	—	1,001176	1,001395
Ashe Inlet Huds.	1896	Canada	62	32,8	— 70	35,3	15	982,119	+ 15	2,6	1,001195	1,001413
Aalesund	1897	Norway	62	28,3	6	9,0	30	982,100	+ 6	(2,6)	1,001175	1,001394
Kirkwall	1898	Orkney Isl.	58	59,1	— 2	57,4	5	981,880	+ 48	2,3	1,000951	1,001170
Stavanger	1894	Norway	58	58,0	5	44,3	11	981,845	+ 16	2,6	1,000915	1,001134
Stornoway	1898	Hebrides	58	12,4	— 6	22,8	6	981,824	+ 56	2,5	1,000894	1,001112
N. Archangelsk	1827	Alaska	57	3,0	—135	16,0	4	981,676	+ 1	(2,8)	1,000743	1,000962
St. Paul	1891	Bering Sea	57	7,0	—170	19,0	12	981,675	— 2	(2,5)	1,000742	1,000960
Northwest River	1905	Labrador	53	31,5	— 60	10,0	2	981,355	— 21	—	1,000416	1,000634
Schneekoppe	1894	Germany	50	44,2	15	44,6	1605	980,776	+139	2,73	0,999826	1,000044
Säntis	1897	Switzerland	47	15,1	9	20,6	2500	980,138	+ 90	2,7	0,999175	0,999393
Brenner	1887	Austria	47	0,3	11	30,5	1372	980,353	— 21	2,6	0,999394	0,999613
Shilaja Kossa	1907	Siberia	46	48,4	53	11,7	— 8	980,797	+ 15	—	0,999847	1,000065
Stilfserjoch	1888	Austria	46	31,8	10	27,4	2760	980,045	+142	2,4	0,999080	0,999298
Astrachan	1907	Russia	46	21,0	48	2,7	—21	980,774	+ 29	—	0,999824	1,000042
Simplonhospiz	1905	Switzerland	46	14,9	8	1,9	1998	980,202	+ 90	2,74	0,999240	0,999459
Gornergrat	1902	,,	45	59,0	7	46,8	3016	979,992	+218	2,73	0,999026	0,999244
Gr. St. Bernard	1906	,,	45	52,1	7	10,4	2473	980,072	+141	2,75	0,999108	0,999326
Batum	1879	Caucasia	41	39,5	41	37,8	2	980,349	+ 36	(2,8)	0,999390	0,999608
Pikes Peak	1894	U. S. A.	38	50,3	—105	2,0	4293	978,954	+217	2,62	0,997968	0,998186
Chemulpho	1898	Corea	37	28,5	126	37,3	2	979,949	+ 7	2,0	0,998983	0,999201
Biserta	1908	Tunis	37	16,4	9	52,5	7	979,975	+ 51	2,3	0,999009	0,999227
Valetta	1908	Malta	35	53,8	14	31,3	62	979,894	+107	2,5	0,998927	0,999145
Fudjinojama	1880	Japan	35	21,0	138	45,0	3792	978,825	+235	2,1	0,997837	0,998055
Moré	1871	India	33	15,7	77	52,0	4696	978,244	+109	(2,8)	0,997244	0,997462
Bermudas I	—	Atl. Ocean	32	21,0	— 64	40,0	2	979,806	+298	(2,5)	0,998837	0,999055
Port Said	1894	Egypte	31	15,7	31	18,7	2	979,454	+ 34	(2,0)	0,998478	0,998696
Mussooree	1904	India	30	27,5	78	3,6	2173	978,778	+ 91	2,75	0,997789	0,998007
Suez	1895	Egypte	29	56,2	32	33,2	4	979,301	— 14	(2,0)	0,998322	0,998540
La Rambleta du Teide	1885	Teneriffe	28	16,0	— 16	38,0	3560	978,669	+580	(2,8)	0,997678	0,997895
Sandakphu	1905	India	27	6,1	88	0,3	3586	978,192	+198	2,7	0,997191	0,997409
Oahu	1892	Honolulu	21	18,1	—157	51,8	6	978,946	+237	(2,6)	0,997960	0,998178
Pakaoao	1887	Pac. Ocean	20	43,0	—156	15,0	3001	978,273	+523	(2,6)	0,997274	0,997492
Mauna Kea	1892	Hawaii	19	49,2	—155	28,8	3981	978,069	+675	(2,6)	0,997066	0,997284
Fort Loreto	1882	Mexico	19	3,4	— 98	11,3	2196	977,998	+ 96	(2,8)	0,996994	0,997211
Jamaica, Port Roy	1822	Gr. Antilles	17	56,1	— 76	54,0	3	978,604	+ 86	(2,5)	0,997611	0,997829
Cap Verde Porto Grande	1901	Atl. Ocean	16	53,9	— 24	59,6	2	978,732	+267	3,0	0,997742	0,997960
Acajutlas 300 m v. St.	1901	S. Salvador	13	34,7	— 89	50,4	12	978,303	— 7	2,8	0,997305	0,997522
Guam	1828	Marian. Isl.	13	26,3	144	48,0	1	978,503	+195	(2,8)	0,997509	0,997726
Bridgetown	1890	Barbad. I.	13	4,0	— 59	36,0	18	978,213	— 75	(2,5)	0,997213	0,997430
Aden	1892	Arabia	12	45,0	44	58,0	4	978,322	+ 42	(2,0)	0,997324	0,997542
Trinid. Insel	1822	S. America	10	38,9	— 61	35,0	6	978,198	— 6	2,0	0,997198	0,997415
Panama Insel Naos	1901	Colombia	8	54,9	— 79	31,9	6	978,243	+ 91	2,4	0,997243	0,997461
Freetown	1898	Guinea	8	29,4	— 13	14,3	65	978,200	+ 77	2,6	0,997200	0,997417
Kudat 100 m v. St.	1894	Borneo	6	53,0	116	50,7	2	978,149	+ 46	(2,0)	0,997148	0,997365
St. Thomas	1822	Africa	0	24,7	6	44,0	6	978,244	+216	(2,8)	0,997244	0,997462
St. Thomé, 200 m v. Str.	1894	W.-Africa	0	20,6	6	44,1	5	978,264	+236	(2,8)	0,997265	0,997482
Insel Rawak	1818	South Sea	— 0	1,6	130	55,0	2	978,071	+ 42	(2,0)	0,997068	0,997286
Cap Lopez	1898	Africa	— 0	41,9	8	48,3	3	978,081	+ 51	2,6	0,997078	0,997296

Station		Land pays country	φ		λ		H m	g cm	$g_o - g_o^n$ 10^{-3} cm	Θ	F O.N. $F = \dfrac{g}{980{,}947}$	F O.N.+CO_2 $F = \dfrac{g}{980{,}733}$
Sawah Loento	1901	Sumatra	-0^0	$41',7$	100^0	$46',7$	380	977,955	+ 41	—	0,996950	0,997167
Guasso Nyiro	1900	EastAfrica	— 1	53,1	36	8,2	676	977,737	— 89	(2,5)	0,996728	0,996945
Maranham	1822	S.-America	— 2	31,6	— 44	17,0	23	978,025	— 8	(2,0)	0,997021	0,997239
Amboina	1893	Moluccas I.	— 3	4,2	128	10,3	5	978,181	+138	(2,0)	0,997180	0,997398
Makassar	1897	Celebes	— 5	7,3	119	24,5	2	978,138	+ 68	2,5	0,997136	0,997354
Banana Creek	1894	Congo	— 6	0,2	12	22,0	3	978,126	+ 41	2,4	0,997124	0,997342
Albatros Bucht	1896	Salomon I.	— 8	27,5	159	32,0	29	978,209	+ 76	2,8	0,997209	0,997426
Caroline Isl.	1883	Pac. Ocean	—10	0,0	—150	14,0	2	978,369	+184	(2,6)	0,997372	0,997590
Mozambique	1899	East Afr.	—15	2,1	38	25,0	3	978,451	+ 75	(2,0)	0,997456	0,997673
Jamestown	1890	St. Helena	—15	55,0	— 5	43,7	10	978,712	+297	(2,5)	0,997722	0,997939
Longwood	1890	,,	—15	57,0	— 5	41,5	533	978,573	+317	(2,5)	0,997580	0,997798
Suva	1903	Fiji Isl.	—18	8,7	178	26,0	2	978,638	+108	—	0,997646	0,997864
Numea 200 m v. Str.	1893	N. Caled.	—22	16,6	166	27,8	2	978,877	+106	(2,6)	0,997890	0,998108
Kerguelen Ins.	1902	Ind. Ocean	—49	25,2	69	53,4	15	981,125	+115	3,0	1,000181	1,000400
Ile Campbell	1874	Pac. Ocean	—52	33,7	169	9,0	2?	981,238	— 54	2,3	1,000297	1,000515
Kap Horn	1829	S.-America	—55	51,3	— 67	30,0	12	981,618	+ 46	(2,8)	1,000684	1,000902
South Shetland	1829	,,	—62	56,2	— 60	31,0	7	982,229	+ 94	(2,8)	1,001307	1,001525
Winter Quarters	1902/3	Victoria L.	—77	50,8	166	44,8	9	982,986	+ 5	2,8	1,002079	1,002297

Die Werte Θ in ( ) sind nicht definitiv. | Les valeurs Θ en ( ) ne sont pas définitives. | The values Θ in ( ) are not definite.

Anhang

Appendice

Appendix

| A Von demselben Verfasser sind erschienen: | A Par le même auteur: | A From the same author: |

1. **Über das Passagenprisma** (Astron. Nachrichten 1870).

2. **Chronometer-Echappement** mit vollkommen freier Unruhe und dessen Anwendung für Penduluhren mit gänzlich freiem Pendel. (Sonderabdruck aus: Bayer. Industrie- und Gewerbeblatt, München 1890.)

3. **Pendel-Echappement** mit vollkommen freiem Pendel, mit Pendelantrieb von konstanter Größe, in der Schwingungsaxe und im Moment, in welchem das Pendel durch die Ruhelage schwingt. (München 1892.)

4. **Pendulum Escapement** with perfectly free pendulum, the impulse being communicated in the axis of oscillation and at the moment in which the pendulum swings through the dead point. (Munich 1892.)

5. **Das Quecksilber-Kompensationspendel** D. R. P. Nr. 60059. (München 1893; Zeitschrift für Instrumentenkunde, Berlin 1893.)

6. **Le pendule compensateur à mercure** D. R. P. Nr. 60059. (Sonderabdruck aus: Journal suisse d'horlogerie, Genève 1893.)

7. **The Mercurial Compensation Pendulum** D. R. P. Nr. 60059. (Munich 1893.)

8. **Beschreibung des Echappements mit vollkommen freiem Pendel.** (Astron. Nachrichten, Kiel 1894.)

9. **Die Präzisionsuhren mit vollkommen freiem Echappement und Quecksilber-Kompensationspendel.** (München 1894; 53 Seiten, 18 Textillustrationen. — Vergriffen.

10. **Technische Vorschläge zur Münzgesetznovelle.** (München 1900.)

11. **Das Nickelstahl-Kompensationspendel** D. R. P. Nr. 100870. (München 1902.)

12. **Projekt einer Uhrenanlage für die Kgl. Belgische Sternwarte in Uccle.** (München 1904; 27 Seiten, 1 Plan, 8 Textillustrationen. Preis Mk. 2.—.)

13. **Zeitübertragung durch das Telephon. Elektrische Ferneinstellung.** (Sonderabdruck aus: Zeitschrift für Instrumentenkunde, Berlin 1906.)

14. **Transmission téléphonique de l'heure. Réglage à distance des horloges par l'électricité.** (Sonderabdruck aus: Journal suisse d'horlogerie, Genève 1906.)

15. **Die Uhrenanlage der Hauptstation für Erdbebenforschung am physikalischen Staatslaboratorium zu Hamburg.** (Sonderabdruck aus: Die Erdbebenwarte, Laibach 1907.)

16. Präzisionspendeluhren und Nickelstahlpendel. (Theodor Ackermann, München 1907; 44 Seiten, 33 Textillustrationen.) Preis Mk. 2.—.

Inhalt: Das Pendel-Echappement D. R. P. Nr. 50739. — Das Nickelstahl-Kompensationspendel D. R. P. 100870. — Die Luftdruck-Kompensation des Pendels. — Der elektrische Aufzug der Uhren D. R. P. Nr. 151710. — Der elektrische Sekundenkontakt, die Registrierung durch den Chronographen und die Synchronisation von Nebenuhren. — Das Uhrwerk. — Die Aufstellung und Regulierung der Uhren mit staubdichtem Gehäuse. — Der luftdichte Glasverschluß der Uhr. — Die Aufstellung und Regulierung der Uhren mit luftdichtem Glasverschluß. — Die elektrische Ferneinstellung der Uhren. — Die Genauigkeit des Ganges der Uhren.

17. Präzisionspendeluhren und Zeitdienstanlagen für Sternwarten. (Theodor Ackermann, München 1907; 72 Seiten, 1 Tafel, 4 Pläne, 46 Textillustrationen.) Preis Mk. 4.—.

Inhalt: Erster Teil: „Die Präzisionspendeluhren". — Das Pendel-Echappement D. R. P. Nr. 50739. — Das Nickelstahl-Kompensationspendel D. R. P. Nr. 100870. — Die Luftdruck-Kompensation des Pendels. — Der elektrische Aufzug der Uhren D. R. P. Nr. 151710. — Der elektrische Sekundenkontakt und die Synchronisation von Nebenuhren. — Das Uhrwerk. — Die Aufstellung und Regulierung der Uhr mit staubdichtem Gehäuse. — Der luftdichte Glasverschluß der Uhr. — Die Aufstellung und Regulierung der Uhr mit luftdichtem Glasverschluß. — Die elektrische Ferneinstellung der Uhren. — Die Genauigkeit des Ganges der Uhren. — Zweiter Teil: „Zeitdienstanlagen für Sternwarten". — Allgemeines. — Die typischen Uhren-Anlagen A, B, C und D. — Der elektrische Betrieb der Uhren-Anlagen. — Die Uhren-Anlage im Deutschen Museum in München.

18. Dr. S. Riefler und C. Paulus: Die Mittel zur Beseitigung des Öffnungsfunkens beim Ausschalten von Elektromagneten. (Sonderabdruck aus: Elektrotechnische Zeitschrift, Heft 34, Berlin 1910.)

19. Erster Nachtrag zu „Präzisionspendeluhren und Zeitdienstanlagen für Sternwarten": **Der Betrieb astronomischer Zeitdienstanlagen durch Akkumulatoren mit Glühlampenrheostat.** (München 1911.) Preis Mk. 1.—.

20. First Supplement to the Treatise „Präzisionspendeluhren und Zeitdienstanlagen für Sternwarten": **The Working of astronomical Time-Service Systems by means of Accumulators with Incandescent Lamp Rheostat.** (Munich 1911.) Price Mk. 1.—.

21. Zweiter Nachtrag zu „Präzisionspendeluhren und Zeitdienstanlagen für Sternwarten": **Die Zeitdienstanlage der provisorischen Sternwarte des Deutschen Museums** in München. (München 1911.) Preis Mk. 1.—.

22. Second Supplement to the Treatise „Präzisionspendeluhren und Zeitdienstanlagen für Sternwarten": **The Time-Service System at the Provisional Observatory of the German Museum in Munich.** (Munich 1911.) Preis Mk. 1.—.

| In Vorbereitung: | En préparation: | To be published: |

23. Dritter Nachtrag zu „Präzisionspendeluhren und Zeitdienstanlagen für Sternwarten":

Einfluß der Pendellänge l, der Gravitation g und des Luftgewichts γ_t^b auf die Schwingungsdauer des Pendels.

24. Troisième supplément du traité „Präzisionspendeluhren und Zeitdienstanlagen für Sternwarten":

Influence exercée sur l'oscillation du pendule par la longueur l du pendule, la gravité g et la densité de l'air γ_t^b.

25. Third supplement to the Treatise „Präzisionspendeluhren und Zeitdienstanlagen für Sternwarten":

The Influence exercised on the Oscillation of the Pendulum by the Length l of the Pendulum, the Gravity g and the Density of Air γ_t^b.

26. Vierter Nachtrag zu „Präzisionspendeluhren und Zeitdienstanlagen für Sternwarten":

Invar-Pendel mit Kompensation der Temperatur und ihrer Schichtungen. Freie Schwerkrafthemmung mit Pendelschwingung um eine Schneidenaxe.

27. Quatrième supplément du traité „Präzisionspendeluhren und Zeitdienstanlagen für Sternwarten":

Pendule en Invar compensant la température et ses stratifications. Echappement de gravité avec le pendule oscillant autour d'un axe formé de tranchants d'acier.

28. Fourth supplement to the Treatise „Präzisionspendeluhren und Zeitdienstanlagen für Sternwarten":

Invar Pendulum compensating the Influence of Temperature and its Stratifications. Gravity Escapement with the Pendulum swinging about an Axis of Steel-Knives.

| B Publikationen anderer Autoren über Rieflers Präzisions-Pendeluhren: | B Publications d'autres auteurs sur les pendules „Riefler": | B Publications of other authors on Riefler-Clocks: |

1. *Anding*, Prof. Dr. *E.:* **Bericht über den Gang einer Rieflerschen Pendeluhr.** (Astronomische Nachrichten, Bd. 133, Kiel 1893.)

2. *Anding*, Prof. Dr. *E.:* **Zur Ausgleichung von Uhrgängen.** (Astronomische Nachrichten, Bd. 168, Kiel 1905.)

3. *Baillaud*, Prof. Dr. *M. B.:* **Précision de la connaissance de l'heure à l'Observatoire de Paris** etc. (Comptes rendus des séances de l'Académie des Sciences, Tome 154, Tome 154, Nr. 4, 22 janvier 1912. Gauthier-Villars, Paris 1912.)

4. *Bassus*, *K.*, Freiherr von: **Gang und telephonische Vergleichung eines Lenzkircher Sekundenregulators mit Riefler-Pendel.** (Deutsche Uhrmacherzeitung Nr. 2, Berlin 1902.)

5. *Bauer*, Prof. *J. B.:* **Hemmungen und Pendel für Präzisionsuhren und die Uhren des Rieflerschen Systems.** (54 Seiten, 25 Illustrationen, München 1893.)

6. *Bock*, Dr. *H.:* **Moderne Präzisionsuhren.** (Die Umschau, Frankfurt 1905.)

7. *Bock*, Dr. *H.:* **Die Uhr. Grundlagen und Technik der Zeitmessung.** (Aus Natur und Geisteswelt, B. G. Teubner, Leipzig 1908.)

8. *Bock*, Dr. *H.:* **Kritische Theorie der freien Riefler-Hemmung.** (Julius Springer, Berlin 1910.) Dazu Referat von Prof. *Wanach* (Zeitschrift für Instrumentenkunde 1910).

9. **Buch der Erfindungen, VI. Band.** (Otto Spamer, Leipzig 1900.)

10. *Dietzschold*, Ing. *C.:* **Die Hemmungen.** (Krems 1905.)

11. „ **Getriebelehre.** (Krems 1905.)

12. „ **Vorlagen für das Uhrmachergewerbe.** (Krems 1905.)

13. „ **Der Cornelius Nepos der Uhrmacher.** (28 Biographien, Krems 1910.)

14. *Delporte*, Dr. *E.:* **Installations des Pendules à l'Observatoire Royal de Belgique à Uccle.** (Bruxelles 1906.)

15. *Delporte*, Dr. *E.:* **Résultats donnés par l'Installation des Pendules à l'Observatoire d'Uccle.** (Bruxelles 1909.)

16. *Ebert*, Prof. Dr. *H.:* **Magnetisches Verhalten des Nickelstahlpendels Riefler Nr. 198.** (München 1902.)

17. *Eichelberger*, Prof. *W. S.*: **Clocks.** (Ancient and Modern Science, New-York, March 1907.)

18. *Faddegon*, *J. M.*: **Mémoire sur la compensation thermique des pendules.** (Congrès international de Chronométrie. Gauthier-Villars, Paris 1902.)

19. *Finn*, *J. L.* and *S. Riefler*: **Compensating Pendulums and how to make them.** (Geo. K. Hazlitt & Co., Chicago. — Der Verfasser nennt mich liebenswürdigerweise als Mitarbeiter, obgleich ich ihn nicht kenne. — L'auteur me nomme aimablement en qualité de collaborateur, quoiqu'il me soit inconnu. — The author kindly calls me collaborator of this book although I have not the pleasure of knowing him. — Dr. *S. Riefler*.)

20. *Gradenwitz*, *A.*: **L'ajustage électrique à distance des pendules normales.** (Revue générale des Sciences pures et appliquées, Paris 1908.)

21. *Guillaume*, Dr. *Ch. Ed.*: **Les Applications des aciers au nickel** (Paris 1904.)

22. *Guillaume*, Dr. *Ch. Ed.*: **Le pendule en acier au nickel** (Journal suisse d'horlogerie 2ᵉ éd. 1908.)

23. *Haid*, Prof. Dr.: **Bestimmung der Intensität der Schwerkraft durch relative Schweremessungen.** (Berlin 1904.)

24. *Hammer*, Prof. Dr.: **Ganguntersuchung einer Rieflerschen Uhr.** (Astronom. Nachrichten, Bd. 145.)

25. *Hartmann*, Prof. Dr. *J.*: **Über den Gang einer mit Rieflerschem Pendel versehenen Uhr von Utzschneider und Fraunhofer.** (Bericht der k. sächsischen Gesellschaft der Wissenschaften, Leipzig 1897.)

26. *Howe*, Prof. *Charles S.*: **The Rate of the Riefler Sidereal Clock Nr. 56.** (The Astronomical Journal Nr. 524, Boston 1902.)

27. *Jaeger*, *J.*: **Gangergebnis einer Normaluhr mit Rieflers freier Hemmung und Quecksilberkompensationspendel.** (Deutsche Uhrmacherzeitung, Berlin 1907.)

28. *Keeling*, Prof. *B. F. E.*: **New Standard Clock at Helwan Observatory.** (The Cairo Scientific Journal Nr. 42, Vol. IV, Alexandria, March 1910.)

29. „*Keystone the*": **1. A. Wonderful Timekeeper. 2. The Riefler Free Escapement.** (Philadelphia, August u. Dezember 1904.)

30. *Knopf*, Prof. Dr.: Referat zu *Riefler*: **Präzisionspendeluhren** etc. (Zeitschrift für Instrumentenkunde, Berlin 1907.)

31. *Lossow von*, Prof. *P.*: **Die geschichtliche Entwicklung der Technik im südlichen Bayern.**

32. *Meyers* Konversationslexikon, V. Auflage, Leipzig: **Uhr.**

33. *Reuleaux*, Prof. Dr. *F.:* **Deutsche astronomische Uhren.** (Deutsche Uhrmacherzeitung, Berlin, Febr. 1905.)

34. *Rüdiger*, Dr. *C.:* **Untersuchung über den Gang einer Rieflerschen Uhr mit Luftdruckkompensation.** (Kiel 1904.)

35. *Varinois, M.:* **Les Pendules compensées en acier-nickel.** (Revue Générale Industrielle, Paris 1910.)

36. Veröffentlichung der Königl. Bayerischen Kommission für die Internationale Erdmessung. (G. Franzischer Verlag (J. Roth) München 1912.)

37. *Voit*, Prof. Dr. *W.:* **Feinmechanik in Bayern.** (Sonderdruck aus: Festgabe der Königl. Techn. Hochschule in München, München 1906.

38. *Wolf*, Prof. Dr. *M.:* **Der Gang der Hauptuhren der Sternwarte.** (Veröffentlichungen der Großherzoglichen Sternwarte zu Heidelberg, Bd. 6, Nr. 7, 1912.)

39. *Wanach*, Prof. *B.:* **Untersuchungen einiger Radunterbrecher.** (Astronom. Nachrichten, Kiel 1906.)

Mitteilungen über Rieflersche Uhren sind ferner enthalten in den Jahresberichten zahlreicher Sternwarten und anderer Institute, u. a. in:	D'autres informations sur les pendules „Riefler" sont contenues dans les rapports annuels de nombreux observatoires et d'autres instituts par exemple dans:	Further informations about Riefler-clocks are given in the annual reports of numerous observatories and of other instituts for instance in:

40. Vierteljahrsschrift der Astronomischen Gesellschaft (Engelmann, Leipzig).

41. Jahresbericht des Kgl. Geodät. Instituts in Potsdam.

42. Rapport du Directeur de l'Observatoire Cantonal de Neuchâtel.

43. Rapport du Directeur de l'Observatoire Cantonal de Genève.

  etc. etc.

CLEMENS RIEFLER
Fabrik mathematischer Instrumente
Nesselwang und München (Bayern).

Gegründet 1841.	Fondée en 1841.	Founded in 1841.
Astronomische Präzisionsuhren mit freiem Echappement und Invar-Kompensationspendel, mit luftdichtem Verschluß oder Luftdruck-Kompensation. **Invar-(Nickelstahl)Kompensationspendel.** **Elektrische Apparate für astronomische Zeitdienstanlagen.**	**Horloges astronomiques de précision** à échappement libre et pendule compensateur en Invar, en fermeture hermétique ou avec compensateur barométrique. **Pendules compensateurs en Invar (acier au nickel).** **Appareils électriques pour le service de l'heure aux observatoires astronomiques.**	**Astronomical Precision Clocks** with free escapement and Invar compensation pendulum, in air-tight case or with air-pressure compensation. **Invar (nickel-steel) Compensation Pendulums.** **Electrical Apparatus for the Astronomical Time-Service.**

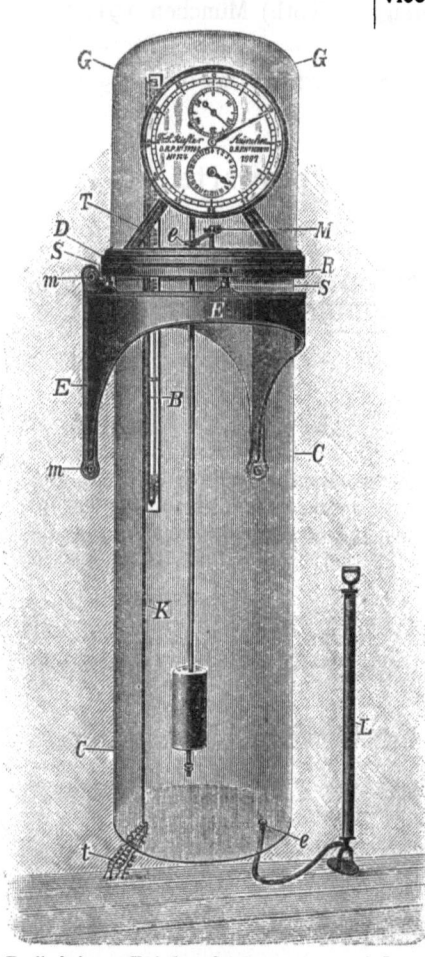 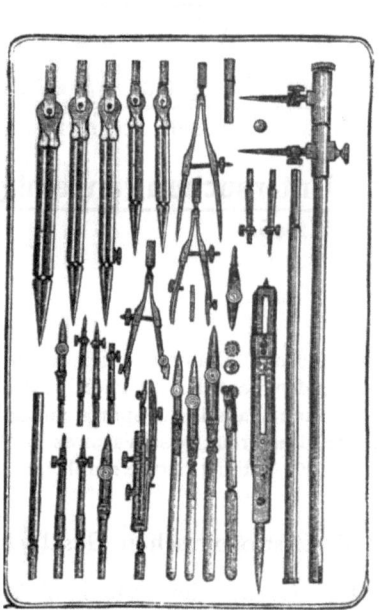 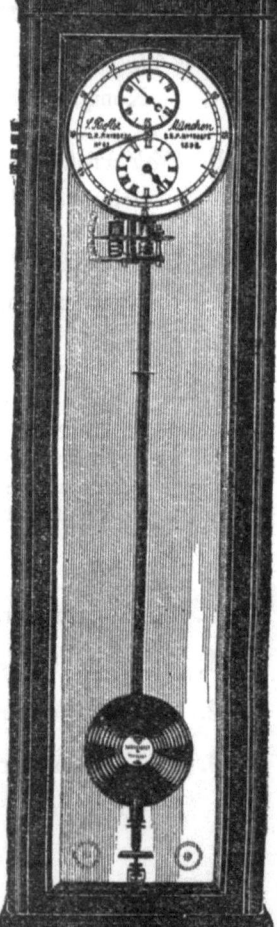

| **Präzisions-Zeicheninstrumente (Rundsystem):** Zirkel, Reißfedern, Schraffier- und Punktierapparate, Transporteure, Ellipsographen etc. Reißzeuge. **Illustrierte Kataloge gratis.** | **Instruments mathématiques de précision (système rond):** Compas, tire-lignes, appareils à pointiller et à hachurer, transporteurs, ellipsographes etc. Pochettes d'instruments. **Catalogues illustrés gratuits.** | **Precision Drawing Instruments (Round System):** Compasses, drawing pens, dotting and shading apparatus, protractors, ellipsographs etc. Sets of instruments. **Illustrated Catalogues Gratis.** |

If you have any concerns about our products,
you can contact us on
ProductSafety@springernature.com

In case Publisher is established outside the EU,
the EU authorized representative is:
**Springer Nature Customer Service Center GmbH
Europaplatz 3, 69115 Heidelberg, Germany**

Printed by Libri Plureos GmbH
in Hamburg, Germany